DAS BESTIMMEN DER MINERALE

VON

PROF. DR. ALEXANDER KÖHLER
UNIVERSITÄT WIEN

MIT 23 TEXTABBILDUNGEN

SPRINGER-VERLAG WIEN GMBH
1949

COPYRIGHT 1949 BY SPRINGER-VERLAG WIEN
URSPRÜNGLICH ERSCHIENEN BEI SPRINGER-VERLAG WIEN 1949
SOFTCOVER REPRINT OF THE HARDCOVER 1ST EDITION 1949

ISBN 978-3-211-80102-4   ISBN 978-3-7091-7732-7 (eBook)
DOI 10.1007/978-3-7091-7732-7

Inhaltsverzeichnis.

---

[1] Siehe Verzeichnis der Abkürzungen auf S. 41.

Einleitung.

Ein Hilfsbuch zum Bestimmen der Minerale dient in erster Linie zur Bestimmung des zu untersuchenden Objektes. Darüber hinaus hat die damit verbundene genaue Beobachtung kristallographischer und physikalischer Eigenschaften des Minerals und die notwendige Kenntnis einfacher chemischer Reaktionen gleichzeitig einen pädagogischen Wert, weil richtiges und kritisches Schauen verlangt wird. Deshalb gehört ein „Bestimmungspraktikum" zur unbedingt notwendigen Ausbildung jedes Mineralogen, Hüttenmannes und Chemikers sowie anderer Kreise und Liebhaber, die sich mit den Mineralen beschäftigen. Aus dieser Erkenntnis und aus dem praktischen Bedürfnis heraus sind auch im Laufe der Zeit Bestimmungsbücher entstanden, die dem Rechnung tragen.

Man kann der gestellten Aufgabe, ein Mineral zu bestimmen, auf verschiedenem Wege gerecht werden. So wurde der Versuch unternommen[1], *nach äußeren Merkmalen* (verbunden mit nur wenigen chemischen Reaktionen) eine Bestimmung vorzunehmen; das setzt voraus, daß man an dem Mineral tunlichst das Kristallsystem erkennen und Härte, Glanz, Farbe, Strich und Spaltbarkeit feststellen kann, nach welchen Eigenschaften das Mineral bestimmt wird, wozu Tabellen behilflich sind, in denen neben weiteren Angaben über die Ausbildung der Kristalle, über die Beschaffenheit der Aggregate auch Bemerkungen über das charakteristische Mitvorkommen anderer Minerale angefügt sind. Die langjährige praktische Erfahrung im Unterricht lehrt, daß diese Methode der Bestimmung nur dann sicher zum Ziele führt, wenn die „äußeren Kennzeichen" so ausgeprägt sind, daß man wirklich genügend Anhaltspunkte findet. Das wird nur dann der Fall sein, wenn gute und größere Mineralstufen zur Untersuchung vorliegen. Sobald jedoch z. B. das Kristallsystem nicht erkannt werden kann — und auch bei verhältnismäßig guter Ausbildung ist dies, zumal für Anfänger, schwierig — oder wenn sich die Härte nicht ziemlich genau festlegen läßt, was oft nicht einfach, in manchen Fällen kaum möglich ist, so wird die Bestimmung sehr unsicher, wenn sie überhaupt gelingt. Die Methode versagt mehr oder weniger vollkommen bei kleinen Proben, die mehrere „äußere Kennzeichen" verbergen.

Deshalb haben die der „*Probierkunde*" der Bergleute entnommenen Methoden, mittels des Lötrohres einfache chemische Reaktionen durchzuführen und damit die Erze zu bestimmen, ihren großen Vorzug. Nur für die Silikate sind diese Methoden weniger geeignet. In Verbindung mit der Beobachtung äußerer Merkmale führen die „*Lötrohrmethoden*", wie man kurz sagt, auch bei kleinen Proben und bei schlechter kristallographischer Entwicklung weit sicherer zum Ziele. *Plattner*[1] und andere Forscher haben sie in vorzüglicher Weise ausgearbeitet. *Fuchs*[2] hat sie u. a. in Verbin-

---

[1] Vgl. z. B. das vielverwendete ausgezeichnete Bestimmungsbuch von *Weisbach-Kolbeck:* Tabellen zur Bestimmung der Mineralien. Verlag A. Felix, Leipzig.

[1] *Plattner-Kolbeck:* Probierkunst mit dem Lötrohre. Verlag J. A. Barth, Leipzig 1927.

[2] *Fuchs-Brauns:* Anleitung zum Bestimmen der Mineralien. Verlag Töpelmann, Gießen.

dung mit äußeren Merkmalen in Bestimmungstabellen gebracht, welche neben denen von *Weisbach* bis heute die brauchbarsten sind.

Es ist somit eine gewisse Doppelgeleisigkeit eingetreten und je nach Vorliebe wird bald nach der einen, bald nach der anderen Methode bestimmt. Es hat die erste Art ihren Vorteil in den weniger benötigten Hilfsmitteln, deren die zweite in etwas größerem Ausmaße bedarf, wofür sie aber den Vorzug weit größerer Sicherheit für sich in Anspruch nehmen darf.

Eine dritte Art der Bestimmung beruht vorwiegend auf *optischen Untersuchungen im durchfallenden oder auffallenden Licht,* selbstverständlich wieder in Verbindung mit kristallographischen oder physikalischen Eigenschaften, soweit sich solche im Mikroskop zu erkennen geben. Diese Untersuchungsmethoden sind seit langem zunächst für die in dünnen Schnitten (Dünnschliffen) durchsichtigen „gesteinsbildenden" Minerale weitgehend ausgearbeitet worden. Sie bilden ein unentbehrliches Rüstzeug für den Petrographen, berücksichtigen jedoch nur eine verhältnismäßig kleine Auswahl aus der Reihe der Minerale und kommen schon aus diesem Grunde für unsere Zwecke nicht wesentlich in Frage. Außerdem erfordern die Methoden nicht nur kostspielige mineralogische Mikroskope und zeitraubende Herstellung von Dünnschliffen, sondern auch noch große Erfahrung. Das gleiche gilt auch für die Untersuchung von undurchsichtigen Mineralen im auffallenden Licht.

Es sei hier erwähnt, daß die gesamten Bestimmungsmethoden, auch etwa die von *E. Larsen*[1] und anderen amerikanischen Forschern z. B., die hauptsächlich auf der Festlegung der Lichtbrechung aufbauen, nicht in *allen Fällen* restlos befriedigen. Man wird deshalb manchmal zu speziellen Untersuchungen greifen müssen, sei es zu einer kristallographischen Messung oder zur Bestimmung von physikalischen Konstanten, zu einer mikrochemischen Probe oder letzten Endes gar zu einer quantitativen chemischen Analyse. *Es gibt eben keinen einfachen, für alle Fälle zum Ziele führenden Weg,* und es erhellt schon daraus die Notwendigkeit, bei vorliegendem neuen Versuch, ein Mineralbestimmungsbuch zu bringen, alle gebräuchlichen Methoden zu kombinieren und ihre Vorzüge zu vereinigen. Dabei muß das Hauptziel, mit *einfachen Mitteln und mit wenigen Voraussetzungen* ein Mineral bestimmen zu können, besonders im Auge behalten werden, weil sich das Buch in erster Linie an Studierende wendet.

Trotz eines vorhandenen Bedarfes, die bisher üblichen Bestimmungsmethoden zu vereinigen und neu zu gestalten, hätte ich den Versuch nicht unternommen, wenn nicht neue, einfach durchzuführende chemische Reaktionen von *F. Feigl* und *H. Leitmeier* uns heute instand setzten, manche Elemente in dem Mineral rasch und sicher nachzuweisen und dadurch bisher empfindliche Lücken in den Lötrohrmethoden zu schließen. Der Einbau dieser Ergebnisse in den Gang der Untersuchung war ein Leitgedanke. Dazu kommt ein etwas anderes Einteilungsprinzip, das mir rascher zum Ziele zu führen scheint und die Heranziehung ganz einfach durchzuführender optischen Beobachtungen, wo diese oft am sichersten Aufschluß geben.

---

[1] The microscopic determination of the nonopaque minerals. Washington 1921.

Zur Durchführung der Bestimmung.

A. Die äußeren Kennzeichen.

1. Der Glanz.

Die seit langem in der Mineralogie gebräuchliche Unterscheidung eines *Metallglanzes* von einem *halbmetallischen* und *gemeinen Glanz* ist auch hier wie in den bisherigen Bestimmungsbüchern die Grundlage für die Einteilung in drei Hauptgruppen. Der Metallglanz ist, wie schon der Name sagt, der Glanz eines Metalles. Die opaken (auch in dünnen Schichten undurchsichtigen) Minerale zeigen einen solchen Glanz. Statt jeder Beschreibung präge man sich den Eindruck ein, den solche metallglänzende Minerale machen. Beachte z. B. den Metallglanz von Pyrit, Kupferkies und Bleiglanz! Der Unterschied gegenüber den gemeinglänzenden Mineralen wie Quarz, Feldspat, Calcit u. a. kann keine Schwierigkeiten machen. Anders ist dies bei einer größeren Anzahl von Mineralen, die sogenannten halbmetallischen Glanz besitzen. Bei Wolframit, Rutil, Zinnstein, dunkler Zinkblende u. a. ist es auch für ein geübteres Auge mitunter schwierig zu sagen, ob Metallglanz oder halbmetallischer Glanz vorliegt. Hier kann nur Übung helfen. Auftretende Schwierigkeiten werden in den Tabellen dadurch beseitigt, daß in zweifelhaften Fällen Minerale wie Wolframit, Rutil usw. in den *verschiedenen Hauptgruppen* auftauchen, somit ein Fehler in der Glanzbestimmung, wo er leicht gemacht werden kann, wieder behoben wird.

Innerhalb einer Glanzbezeichnung gibt es wieder Abstufungen, die für die Bestimmung oft sehr nützlich sind. Beim Metallglanz kann man z. B. zwischen einem starken und lebhaften Metallglanz wie auf Spaltflächen von Bleiglanz und einem stumpfen Metallglanz unterscheiden, wie sie manche Magnetite zeigen. In anderen Fällen ist der Glanz etwas fettig, wie beim Ilmenit. Beim gemeinen Glanz trennt man: *Glasglanz* i. e. S. (Glanz des Glases) wie bei Calcit, Quarz, Adular von einem *Diamantglanz* (starker, lebhafter Glanz des Diamanten) wie bei heller Zinkblende und einem *Fettglanz (Ölglanz)* wie bei Eläolith und Cordierit. Faserige Minerale zeigen *Seidenglanz* wie Fasergips, Krokydolith. Minerale mit vollkommener Spaltbarkeit weisen auf der Spaltfläche häufig einen *Perlmutterglanz* auf, wie Muskovit, Talk u. a. Übergänge werden durch die Beschreibung wiedergegeben; so spricht man z. B. von fettigem Glasglanz, von metallartigem Diamantglanz usw.

Beachte schließlich, daß oft frische Bruchflächen notwendig sind, um den Glanz richtig zu erkennen, da oberflächlich eine matte Zersetzungshaut vorhanden sein kann.

2. Die Farbe.

Selbstverständlich spielt die Farbe eine wichtige Rolle beim Bestimmen.
Manche Minerale sind eigenfarbig (idiochromatisch), d. h. die Farbe hängt
mit der chemischen Konstitution zusammen; so ist der Malachit stets grün
und nicht etwa auch weiß oder rot. Andere Minerale sind durch Beimengungen von oft nur Spuren anderer Elemente oder durch kleine Mineral-
einschlüsse verfärbt, sie sind fremdfarbig (allochromatisch) wie manche
Spielarten von Quarz, Turmalin, Steinsalz und viele andere. In solchen
Fällen sind in den Tabellen alle beobachteten Farben angeführt. Ist z. B.
ein zu untersuchendes Mineral grün und ist diese Farbbezeichnung in den
Tabellen bei dem Mineral, für das man es hält, nicht angegeben, so muß
man weiter suchen. Im allgemeinen sind farbige Minerale, besonders
eigenfarbige mit farbigem Strich (siehe unten) viel leichter zu bestimmen
als die große Zahl weißer oder farbloser Minerale.

Durch die häufig auftretenden *Anlauffarben* kann die richtige Farbe
verdeckt werden (siehe z. B. beim Bornit). Auch oberflächliche Zersetzung
kann eine andere Farbe vortäuschen, weshalb die Farbbestimmung stets
an *frischen* Flächen vorgenommen werden muß.

3. Die Strichfarbe.

Darunter versteht man die Farbe des Mineralpulvers, das man erhält,
indem man auf einer unglasierten Porzellanplatte (Strichtafel) das Mineral
abschabt, bis es genügend Pulver liefert. Sehr harte Minerale pulvert man
im Stahlmörser. Man begnüge sich lieber nicht mit einem „Strich“, sondern
verreibe auf einer kleinen Fläche, weil so besonders bei harten Mineralen
die Strichfarbe besser zu erkennen ist. Starkes Aufdrücken ist daher mitunter notwendig. Eigenfarbige Minerale zeigen auf diese Weise einen
Strich, der ihrer Farbe mehr oder weniger entspricht, nur oft heller ist.
Z. B. gibt Bleiglanz einen grauen, Malachit einen grünen und Azurit einen
blauen Strich. Weiße und farblose Minerale zu prüfen ist überflüssig, ihr
Strich ist weiß und hat keinen Bestimmungswert. Fremdfarbige Minerale
geben einen weißen Strich (blaues Steinsalz, Rauchquarz), wenn nicht die
Beimengungen für sich einen farbigen Strich erzeugen. Sehr blasse Strich-
farben gelten für die Bestimmung als weiß, das Mineral wird daher in der
Gruppe III der Tabellen zu suchen sein. In zweifelhaften Fällen wird das
Mineral in verschiedenen Gruppen auftauchen.

Große Sorgfalt ist hier wieder darauf zu legen, daß man frische Stellen
der zu prüfenden Substanz verwendet, da z. B. ein angewitterter Magnetit
statt des charakteristischen schwarzen Striches einen braunen (von Limonit)
ergibt, die Bestimmung kann dann mißlingen.

4. Die Ritzhärte.

In den Bestimmungsbüchern von *Weisbach* und *Fuchs* ist der Bestimmung der Härte besondere Bedeutung zugemessen; ist sie mit einem Fehler
von mehr als einem Härtegrad behaftet, so versagt leicht die ganze Bestimmung. Deshalb ist ihr in vorliegenden Tabellen eine becheidenere Rolle

zugewiesen; bei den metallisch und halbmetallisch glänzenden Mineralen ist die Härte nicht Einteilungsprinzip, nur bei den gemeinglänzenden wird nach weichen bis mittelharten, harten und sehr harten Mineralen unterteilt. Trotzdem muß man der Härtebestimmung große Aufmerksamkeit zuwenden, da sie innerhalb der auf anderem Wege festgelegten Gruppen die Identifizierung sehr zu erleichtern vermag.

Wir benutzen zur Feststellung der Ritzhärte die *Mohs*sche Härteskala: *1 = Talk, 2 = Steinsalz, 3 = Kalkspat, 4 = Flußspat, 5 = Apatit, 6 = Feldspat, 7 = Quarz, 8 = Topas, 9 = Korund und 10 = Diamant.*
Die Härtestufen 9 und 10 sind für unsere Zwecke nicht nötig. Eine solche Härteskala stellt man sich am besten selbst her. Größere Stücke von derbem Talk werden angeschliffen. Steinsalz liefert große ebene Spaltstücke, desgleichen Kalkspat und Flußspat. Schwieriger ist es mit Apatit, wo man entweder ebene Flächen eines Kristalles oder angeschliffene und polierte Flächen von derbem Apatit benützt. Für Härte 6 sind Adulare, für 7 Bergkristalle mit glatten Flächen sehr geeignet. Topas liefert neben glatten Kristallflächen auch vorzügliche Spaltstücke. Unebene, rauhe und geriefte Flächen sind unbrauchbar.

Eine erste Orientierung nimmt man schon ohne Härteskala vor; Minerale bis Härte 2 lassen sich mit dem Fingernagel ritzen, solche unter Härte 6 sind mit dem Taschenmesser oder einer Stahlnadel ritzbar; Minerale mit Härte über 6 ritzen Glas. Die weitere Untersuchung geschieht auf folgende Weise: Man ritzt mit einer scharfen Ecke oder Kante des Minerals nacheinander von unten beginnend die Stufen der Härteskala und beobachtet, ob in dem Härteskalenstück nach Entfernen des entstandenen Pulvers ein deutlicher Ritz entstanden ist. Man hört übrigens auch, ob das Mineral ritzt. Ist das Mineral ungefähr gleich hart, so wird kein deutlicher Ritz mehr entstehen und man hört auch das feine Knistern nicht mehr. Zur Kontrolle versucht man noch die nächste Härtestufe zu ritzen. Das Mineral wird dann ohne Geräusch über die Fläche fahren und man fühlt auch in den Fingern, daß ein Widerstand gegen das Eindringen der Spitze vorliegt. Wird auf diese Weise z. B. Flußspat noch deutlich geritzt, Apatit kaum und Feldspat sicher nicht mehr, so liegt die Härte des Minerals um 5, d. h., da ja keine exakte Messung vorliegt, man muß beim Bestimmen eine Härte von 4½ bis 5½ in Betracht ziehen. Konnte man den Flußspat einwandfrei ritzen, so braucht man die Minerale mit einer Härte von 4 abwärts in den Tabellen nicht mehr zu berücksichtigen, ebenso die Härte von 6 aufwärts. Der Untersuchungsbereich wird dadurch in willkommener Weise sehr eingeengt.

Um die Mineralstufen zu schonen, ritze man stets wie oben angegeben und ritze nicht das Mineral mit der Härtestufe!

Dünne, zerbrechliche Nadeln, Fasern oder feinschuppige, feinkörnige bis dichte *Aggregate* erschweren die genaue Festlegung der Härte sehr, da die Trennung der Aggregatbestandteile Pulver liefern kann, das nicht durch Ritzung der Einzelindividuen entstanden ist. In solchen Fällen sei man in der Beurteilung vorsichtig. Eine weitere Fehlerquelle liegt für den Anfänger darin, daß weiche Minerale auf hohen Härtestufen ein Pulver zurücklassen, das jedoch nicht von der Härtestufe stammt. Man wische daher stets sorgfältig jede Pulverspur weg und beobachte, womöglich mit einer Lupe, die verwendete Fläche der Härtestufe. Schließlich sei erwähnt, daß manche Mineralaggregate verunreinigt sind und auf diese Weise die wahre Härte verbergen. So ist z. B. dichter Magnesit oft von Opal durchtränkt und erscheint dadurch härter. In wieder anderen Fällen ist durch Zersetzung ein ursprünglich vielleicht sehr hartes Mineral viel weicher geworden, wie dies bei Andalusit und Cordierit u. a. vorkommen kann. Schließlich wird oft eine Fehlbestimmung dadurch hervorgerufen, daß man etwa bei eingesprengten Mineralkörnern nicht das zu untersuchende Korn sondern das Nachbarmaterial irrtümlich zum Ritzen verwendet. Dagegen ist die auf verschiedenen Flächen und in verschiedener Richtung wechselnde Härte nur ein seltener Anlaß zu Irrtümern (Disthen).

So einfach im Prinzip die Festlegung der Ritzhärte ist, so viele Tücken hat sie auch. Wegen all dieser Fehlerquellen ist in diesem Buche die Bedeutung zur Bestimmung eingeschränkt, was jedoch nicht besagt, daß deswegen der Beobachtung weniger Sorgfalt gewidmet werden darf.

5. Die Dichte.

Diese physikalische Konstante ist charakteristisch für ein Mineral und hat somit einen Bestimmungswert. Man nennt das Gewicht eines Kubikzentimeters eines Minerales sein *spezifisches Gewicht;* es ist daher in Gramm anzugeben; z. B. ist das spezifische Gewicht von Quarz 2·65 g. Häufiger spricht man von der *Dichte,* das ist die Zahl, die angibt, um wievielmal schwerer das Material ist als das gleiche Volumen Wasser; die Dichte von Quarz ist somit 2·65. Im allgemeinen wird man beim praktischen Bestimmen ohne die Dichte durchkommen, deren Ermittlung den Gang der Untersuchung stark verzögert. Trotzdem ist die Dichte in den Bestimmungstabellen angeführt und wird mitunter festzustellen sein. Deshalb sollen hier drei Methoden kurz beschrieben werden.

Die hydrostatische Methode ist ohne Zweifel die genaueste, doch verlangt sie ein größeres Stück (wenigstens einen halben Kubikzentimeter) vollkommen reinen Materiales; es muß daher ein einschlußfreier Kristall oder ein solches Bruchstück vorliegen, bei einem Aggregat oder bei einem undurchsichtigen Kristall hat man für die Homogenität keine Gewähr. Der Meßvorgang ist folgender: Mittels einer Waage mit einem verkürzten Waagebalken, der auf der Unterseite eine Aufhängevorrichtung zur Befestigung eines Minerales an einem dünnen Draht hat, wiegt man zuerst Mineral + Draht, dann den Draht allein, die Differenz ist das Gewicht des Minerales G. Hernach läßt man das aufgehängte Mineral in Wasser eintauchen, indem man unter die verkürzte Waagschale ein mit Wasser gefülltes Glas stellt und wiegt jetzt das Mineral + Draht in Wasser[1]. Das Gewicht verringert sich um das der verdrängten Wassermenge. Schließlich läßt man den Draht allein so weit eintauchen, als dies mit dem Mineral der Fall war und erhält so das Gewicht des Drahtes in Wasser und damit das Gewicht des Minerals in Wasser = A. Die Differenz des Gewichtes

---

[1] Anhaftende Luftblasen sind sorgfältig mit einem Pinsel zu entfernen.

Mineral in Luft $= G$ weniger dem Gewicht des Minerals in Wasser $= A$ ist der Auftrieb, der dem Volumen des Minerals entspricht. Die Dichte ist dann: $d = \dfrac{G}{G-A}$.

Um möglichst Inhomogenitäten in der Substanz als Fehlerquelle auszuschalten, ist die

Pyknometermethode die häufiger anzuwendende. Ein kleines Pyknometer wird mit destilliertem Wasser bis zur Marke im eingeschliffenen Glasstöpsel gefüllt, äußerlich sauber getrocknet und gewogen. Das Gewicht sei P. Das zerkleinerte Material (Körnchen von ein bis zwei Kubikmillimeter oder Splitter), das auf Reinheit geprüft wurde und dessen Menge nicht unter einem halben Gramm betragen soll, wird auf einem Uhrglas gewogen und in das Pyknometer eingefüllt; das leere Uhrglas wird zurückgewogen, die Differenz gibt das Gewicht des Minerals M. Hernach füllt man das Pyknometer bis zur Marke auf und wiegt wieder, das Gewicht sei G. Es ist jetzt: Das Gewicht des gefüllten Pyknometers P $+$ dem Gewicht des Minerals M weniger dem Gewicht des Pyknometers $+$ Mineral G gleich dem Auftrieb und damit ist die Dichte $d = \dfrac{M}{P+M-G}$.

Bei größerem Materialmangel oder bei Gefahr von Einschlüssen und dergleichen kann man mit wenigen Splittern das Auslangen finden und nach der

Schwebemethode mittels schwerer Flüssigkeiten die Dichte bestimmen. Das Prinzip ist sehr einfach; man bringt die Splitter in ein mit einer schweren Flüssigkeit gefülltes Glasgefäß (Meßkölbchen) und verdünnt die Flüssigkeit, falls die Splitter schwimmen so lange, bis sie weder aufsteigen noch sinken sondern gerade schweben. Dann ist die Gleichheit der Dichte von Mineral und Flüssigkeit erreicht. Die Dichte dieser bestimmt man mit Hilfe der *Westphal*schen Waage. Nach dieser Methode kann man eine Dichte bis 4·27 messen. Solche schwere Flüssigkeiten sind u. a.: *Jodmethylen*, $d = 3·33$ und die sogenannte *Clerici*sche *Lösung* (eine Thallium-Formiat-Mallonat-Lösung) mit $d = 4·275$. Erstere ist mit Benzol, letztere mit Wasser zu verdünnen.

6. Die kristallographischen Eigenschaften.

Oft liegen zur Bestimmung gut entwickelte lose Kristalle vor oder man hat deutlich ausgebildete Kristalle auf den Stufen; dann ist die Festlegung des Kristallsystems leicht und der Bestimmungsgang wird sehr vereinfacht. Hat man z. B. typisch kubische Kristalle, wie Würfel, Oktaeder, Rhombendodekaeder usw. oder rhombische Tafeln oder Säulen, so sucht man in den entsprechenden Untergruppen der Tabellen nur unter diesen Systemen. Es kommt aber auch häufig — auch bei guter kristallographischer Entwicklung — vor, daß man das wirkliche System äußerlich gar nicht erkennt, daß durch zufällige Winkelverhältnisse ein anderes (höher symmetrisches) System vorgetäuscht wird als tatsächlich vorhanden ist; so gibt es gute Kristalle von rhombischem Aragonit, die wie hexagonale Säulen aussehen, oder Kristalle von rhombischem Natrolith, die tetragonale

Formen vortäuschen u. v. a. In solchen Fällen ist die Bezeichnung „pseudohexagonal" bzw. „pseudotetragonal" der Bezeichnung des wirklichen Kristallsystems in den Tabellen vorangesetzt. Man beurteilt daher die Kristallgestalt zunächst nur nach dem äußeren Aussehen.

Häufiger aber ist der Fall, daß die Kristallformen wenig deutlich ausgeprägt oder durch Verzerrung entstellt sind, dann erfordert die Erkennung große Übung und gelingt manchmal ohne nähere Prüfung überhaupt nicht. Wieder andere Stufen zeigen nur undeutliche Kristalle. Bei der Wichtigkeit der Bestimmung als äußeres Merkmal wird man daher bestrebt sein, die Formen so genau als möglich festzustellen oder wenigstens gewisse Kristallsysteme mit Sicherheit auszuscheiden.

Die Kenntnis der kristallographischen Formenlehre muß hier vorausgesetzt werden[1], nur einige Hinweise, um das Erkennen des Kristallsystems zu erleichtern, können in diesem Rahmen gebracht werden.

Nach allen Seiten mehr oder weniger regelmäßig „isometrisch" ausgebildete Kristalle sind charakteristisch für das *kubische* Kristallsystem. Bei solchen Kristallen wird man stets mehrere gleiche Winkel beobachten und man kann mehrere Spiegelebenen (Symmetrieebenen) durch den Kristall legen; auch erhält man durch Drehung der Kristalle um 90°, 120° oder 180° um bestimmte kristallographische Richtungen — die Deckachsen — immer wieder die Ausgangsstellung. Diese hohe Symmetrie ist kennzeichnend für das System. Die einfachen Kristallformen und ihre Bezeichnung muß man kennen, den Würfel (Hexaeder), das Rhombendodekaeder, den Pyramidenwürfel (Tetrakishexaeder), das Oktaeder, das Ikositetraeder, das Deltoiddodekaeder und das Hexakisoktaeder sowie die niedriger symmetrischen Formen des Tetraeders, Trigondodekaeders, Deltoiddodekaeders, Hexakistetraeders, Pentagondodekaeders und Dyakisdodekaeders[2].

Kristalle mit drei-, vier- oder sechsseitigem Querschnitt, die häufig vier- oder sechsseitige Säulen oder ebensolche Tafeln oder Pyramiden ergeben, gehören zum *trigonalen, tetragonalen* oder *hexagonalen Kristallsystem.* Beim ersteren sind die säuligen Kristalle meist sechsseitig umgrenzt und gleichen daher den hexagonalen Kristallen, typisch sind jedoch die sogenannten Rhomboeder mit drei gleich geneigten, wirtelig um eine dreizählige Hauptachse angeordneten Flächen, die sich nach Drehung um 120° wieder decken, wie die Skalenoeder, bei welchen jede Rhomboederfläche durch zwei symmetrisch zueinander geneigte Flächen ersetzt ist. Beide Formen können verschieden steil sein. Kombination dieser Formen mit einer sechsseitig oder dreiseitig umgrenzten Basisfläche und mit (meist sechsseitigen) aufrechten Prismen sind ebenfalls häufig.

Im *tetragonalen* System ist eine Vierzähligkeit der Hauptachse (Säulenachse oder Normale zur vierseitigen Tafelform) typisch, d. h. man kann durch 90°-Drehung um diese Achse Deckstellung erreichen. Der Quer-

---

[1] Zur Orientierung wird empfohlen: *Raaz-Tertsch*, Geometrische Kristallographie und Kristalloptik, J. Springer, Wien 1939, und die Lehrbücher der Mineralogie sowie: *Machatschki*, Grundlagen der allgemeinen Mineralogie und Geochemie. Verlag J. Springer, Wien 1946.

[2] Betrachte derartige Kristallbilder und weitere in Lehrbüchern!

schnitt ist quadratisch (bei Verzerrung auch rechteckig). Bei kurzen Säulen entsteht ein isometrisches Gebilde, das sehr an das kubische System erinnert. Das Säulenende ist oft durch vierseitige Pyramiden abgestumpft. Durch die Hauptachse kann man gewöhnlich zwei + zwei Spiegelebenen legen, zwei parallel den Seiten und zwei nach den Diagonalen der Umrißform (vgl. Beispiele von Rutil, Zirkon u. a.).

Das *hexagonale* System ist durch die Sechszähligkeit der Hauptachse charakterisiert (Drehung um $60°$ bringt die Deckung mit der Ausgangsstellung). Sechsseitige Säulen oder Tafeln oder sechsseitige Pyramiden treten auf (vgl. Kristalle von Beryll, Apatit u. a.). Dieses System ist verhältnismäßig selten.

Durch das Zurücktreten der drei-, vier-, sechszähligen Wirtelachsen und die dadurch verminderte Symmetrie zeichnen sich die letzten drei Kristallsysteme aus. Im rhombischen System sind im allgemeinen drei aufeinander senkrechte zweizählige Deckachsen (Drehung um $180°$ zur Deckstellung) und drei durch je zwei solche Deckachsen gelegte Spiegelebenen charakteristisch. Die Querschnitte sind rechteckig oder rhombisch, die Entwicklung mannigfaltig säulig, tafelig oder pyramidal. Bei Prismenwinkeln von $90°$ bzw. $60°$ werden die Formen äußerlich dem tetragonalen und hexagonalen System ähnlich. Viele Minerale kristallisieren in diesem System (vgl. Kristalle von Topas, Baryt u. a.).

Während hier noch häufig drei aufeinander senkrecht stehende Hauptflächen zu erkennen sind, ist beim *monoklinen* System eine davon bereits geneigt; dadurch sind keine drei aufeinander senkrechte Kanten mehr möglich, nur zwei bilden miteinander rechte Winkel. Durch dieses schiefe Dach wird das System am leichtesten erkannt, beim Fehlen der Kopfbegrenzung ist die Ähnlichkeit mit dem vorigen System groß, zumal auch der Querschnitt gleich sein kann. Im allgemeinen ist nur mehr eine Spiegelebene und normal dazu eine zweizählige Decksache vorhanden (siehe Abb. 5—19).

Diese Symmetrieelemente fallen schließlich beim *triklinen* Kristallsystem auch noch weg, alle Kanten schließen schiefe Winkel ein (vgl. Abb. 13).

Übungen, besonders an regelmäßigen Kristallmodellen, sind wohl unerläßlich, um sich in dem so schönen Formenreichtum der Kristalle zurechtzufinden; wer die Gelegenheit dazu nicht hat, der vertiefe sich ein wenig in die angegebenen Lehrbücher, um sich so weit zu orientieren, als dies für unsere Zwecke notwendig ist[1].

Zwillingsbildungen. Sehr oft treten gesetzmäßige Verwachsungen zweier oder mehrer Individuen auf (Zwillinge, Drillinge usw.), die für manche Minerale charakteristisch sind. Man erkennt sie am leichtesten, wenn sie als Durchkreuzungszwillinge ausgebildet sind, wie z. B. bei Staurolith, Harmotom und Pyrit. Im übrigen deuten einspringende Winkel am Kristall auf Zwillingsbildung hin, wie bei Feldspat (vgl. Abb. 10, 14), Gips, Zinn-

---

[1] Es wäre für die Bestimmung günstig, häufige und charakteristische Kristallbilder den weiter unten folgenden Tabellen beizufügen; leider muß derzeit darauf verzichtet werden.

stein u. a. Mitunter ist der einspringende Winkel sehr klein wie bei den Plagioklasen und dann leicht zu übersehen. Durch die Verzwillingung wird oft eine höhere Symmetrie der Kristalle vorgetäuscht als dem Einzelindividuum zukommt, z. B. wird der Aragonit-Wendezwilling pseudohexagonal, der Harmotom pseudotetragonal usw.

7. Die Spaltbarkeit.

Die Eigenschaft mancher Minerale, nach einer oder mehreren Flächen mehr oder weniger gut zu spalten, ist als ein Charakteristikum für das Mineral auch ein äußeres Merkmal zur Bestimmung. Hat man eine größere Probe zur Untersuchung, so kann man mit dem Hammer ein Stück zerschlagen und prüfen, ob ebene Trennungsflächen auftreten wie bei Steinsalz, Bleiglanz (nach dem Würfel), Flußspat (nach dem Oktaeder), Kalkspat (nach dem Rhomboeder), Feldspat nach (001) und (010) usw. Bei blättrigen Mineralen gestattet oft eine sehr vollkommene Spaltbarkeit das leichte Abheben von Spaltblättchen (Glimmer, Chlorit). In obigen Fällen spricht man von einer *sehr vollkommenen Spaltbarkeit*, die sich an der ebenen Beschaffenheit der Spaltflächen selbst oder schon am Kristall an durchziehenden Rissen äußert (vgl. Adular- oder Barytkristalle). Die Vollkommenheit kann bis zur Undeutlichkeit herabsinken. In den Tabellen ist die Spaltbarkeit nur dort angegeben, wo sie eine Bedeutung für die praktische Bestimmung haben kann, in erster Linie gilt dies von einer sehr vollkommenen oder vollkommenen Spaltbarkeit. Spaltblättchen benützt man mit Vorteil auch zu optischen Untersuchungen (s. unten).

8. Der Bruch.

Nur an größeren Kristallen kann man die im allgemeinen unebenen Flächen zur Beobachtung bringen, die beim Zerbrechen, nicht Spalten, entstehen. Bei nicht spaltenden Mineralen tritt dann gewöhnlich ein muscheliger Bruch auf wie beim Quarz oder ein unebener Bruch. Zähe Minerale haben einen hakigen Bruch. Nur ersterer hat eine gewisse Bedeutung beim Bestimmungsgang.

9. Die Ausbildung (der Bruch) der Aggregate.

Häufiger als Einzelkristalle wird ein Aggregat von Kristallen zur Untersuchung gelangen. Auch die Ausbildung der Aggregate ist oft sehr typisch und kann ein Bestimmungsmerkmal abgeben. So kommt z. B. Gips neben Einzelkristallen oder Kristallgruppen in spätigen, schuppigen oder faserigen Aggregaten vor, Aluminit tritt nur in Knollen auf usf. Die Ausdrücke grob-feinkörnig, dicht, erdig, mehlig, stengelig, strahlig, nadelig, faserig (radial-, parallel-, verworrenfaserig), spätig usw. verstehen sich von selbst. Unter dem Ausdruck derb versteht man ein Aggregat ohne eine der oben angeführten speziellen Eigenart. In dieser Spalte der Bestimmungstabellen sind auch die Ausdrücke „eingesprengt", als „Anflug", als „Belag" oder als „Ausblühung" angegeben. Unter ersterem versteht man das vereinzelte Vorkommen eines Kristalles oder Kornes in einem

anderen Mineralaggregat (Gestein). Einen Anflug oder Belag bilden z. B.
Kobaltblüte oder Nickelblüte auf Kobalt- oder Nickelerzen. Unter einer
Ausblühung versteht man das Sprossen von kleinen Kristallen auf einer
Unterlage, welcher der Stoff entstammt (z. B. Salpeter auf einer Mauer,
Eisenvitriol auf Schwefelkies führenden Gesteinsklüften u. a.).

Der Bruch der Aggregate ist körnig, dicht, stengelig, faserig usf.

10. Bemerkungen und Begleitminerale.

In der so bezeichneten Spalte sind verschiedene Angaben zu finden,
die sehr gute Kennzeichen liefern können. Das Mitvorkommen bestimmter
Minerale, soweit die zu untersuchenden Stufen solche zeigen, ist oft von
gewisser Bedeutung; so ist es für die Zeolithe typisch, daß sie gerne in
Hohlräumen von Ergußgesteinen aufsitzen, daß Fahlerz häufig mit Zinkblende und Quarz vergesellschaftet ist, Flußspat, Wolframit, Scheelit, Topas
gerne zusammen vorkommen usw. Die hier gebrachten Angaben können
natürlich nicht vollständig sein, es sind nur die häufigsten Begleiter angeführt. Wo alle übrigen Merkmale noch mehrdeutig sind, gibt eine
Bemerkung im letzten Abschnitt oft klare Auskunft und deutet mitunter
erst auf eine besondere Abart des Minerals hin. Deswegen versäume man
nicht, auch diese Angaben genau anzusehen.

B. Die chemischen Reaktionen.

Der Nachweis von Elementen mit dem Lötrohr, ergänzt durch neue
Reaktionen nach *F. Feigl* und *H. Leitmeier* (vgl. S. 19) bildet in diesem
Buche innerhalb der Hauptgruppen I—III im wesentlichen die Grundlage
der Bestimmungstabellen. Als Leitelement der jeweiligen Untergruppe
wurde ein solches gewählt, das rasch und eindeutig bestimmt werden kann.
Größte Sorgfalt ist anzuwenden, da eine Fehlbestimmung auf einen
falschen Weg führen wird. Es werden hier neben allgemeinen Bemerkungen
alle gebräuchlichen Reaktionen, die im Laufe jahrelanger praktischer Erfahrung als geeignet gefunden wurden, angeführt.

1. Die Lötrohrmethoden.

Sie gehören zu den qualitativen chemischen Untersuchungsmethoden,
die jedoch den sonst meist üblichen nassen Weg tunlichst vermeiden und
damit ein Minimum an Säuren und auch anderen Reagenzien benötigen.
Dazu kommt der Vorteil der einfachen Durchführung und des sicheren,
eindeutigen Ergebnisses. Es wurde auch versucht, mit dem Lötrohr quanti-
tativ zu arbeiten. *Harkort* und *C. F. Plattner* haben in erster Linie die
Methoden der quantitativen Bestimmung ausgearbeitet. Es können jedoch
alle diese Versuche, so interessant sie an und für sich sind, mit den Er-
gebnissen der analytischen Chemie nicht Schritt halten. Für unsere Zwecke
der Mineralbestimmung benötigen wir sie auf keinen Fall[1].

---

[1] Historisches über den Gebrauch des Lötrohrs siehe *C. F. Plattner - F. Kolbeck*,
Probierkunst mit dem Lötrohr. Verlag A. Barth, Leipzig 1927.

a) Die notwendigen Hilfsmittel und die chemischen Reagenzien.

Zur Erzeugung einer heißen Flamme benützt man das von den Bergleuten seit langem gebrauchte Lötrohr. Die einfachste Ausführung, wie sie Abb. 1 wiedergibt, besteht aus einem etwa 20 cm langen, vorne umgebogenen Metallrohr mit einer feinen Öffnung. Das sich konisch erweiternde andere Ende ist mit einem Mundstück versehen, da sonst zu rasch Ermüdung der Lippen beim Blasen auftritt. Wer die Möglichkeit hat, sich eine bessere Ausfertigung zu kaufen (Abb. 2), der hat den Vorteil, daß infolge des Windkastens das Blasen ruhiger vor sich geht.

Als Flamme benutzt man im Laboratorium die Bunsenflamme, es genügt aber auch eine dicke Kerze oder ein Öllämpchen. Die Bunsenflamme kann je nach Luftzufuhr als leuchtende oder nicht leuchtende (heißere) Flamme gebraucht werden. Zu Lötrohrversuchen benutzt man im allgemeinen nicht die Flamme des Brenners selbst, sondern die Lötrohrflamme, bei der man wieder eine *„Oxydationsflamme"* und eine *„Reduktionsflamme"* unterscheiden kann. Zur Erzeugung der ersteren hält man die Spitze des Lötrohrs in etwa 1½ cm Höhe über den Brenner 2—3 mm *in* die Flamme hinein und neigt das Lötrohr so, daß die beim Blasen entstehende heiße Oxydationsflamme etwas nach unten gerichtet wird (Abb. 3). Beim reduzierenden Blasen wird das Lötrohr bei ungefähr gleicher Höhe nicht in die Flamme eingeführt, sondern etwa 2—3 mm daneben angesetzt (je nach der Größe der Flamme verschieden). Es ist nun eine gewisse Übung notwendig, um eine gute Reduktionsflamme (Abb. 4) zu erzielen; die Flamme muß ruhig, ohne zu flackern, zu einer Spitze mit hellem Saum umgebogen werden. Bei Verwendung eines Bunsenbrenners dient als Kennzeichen des richtigen Blasens, daß die Oxydationsflamme rauscht, die Reduktionsflamme jedoch nicht. Weitere Übung ist schließlich notwendig, um minutenlang ohne Unterbrechung blasen zu können, indem man trotz

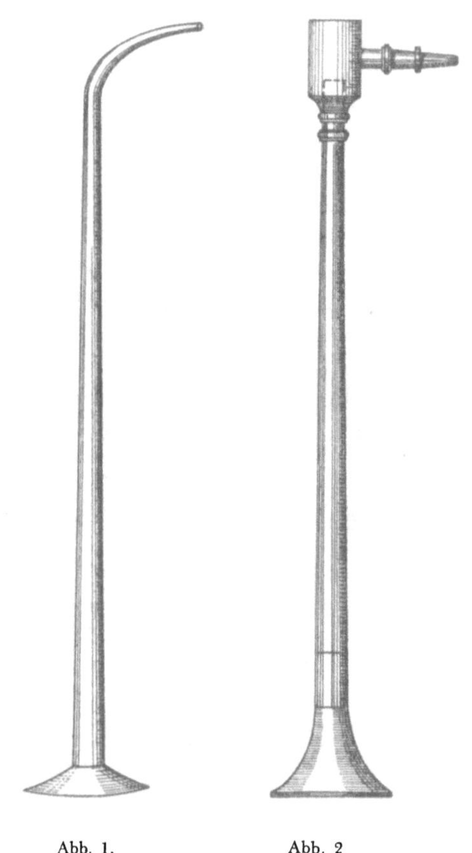

Abb. 1.   Abb. 2

des Blasens mit der in den Backen aufgespeicherten Luft ruhig atmen kann.
Zum Schluß merke, daß jedes Lötrohrblasen *nur bei leuchtender Flamme*
ausgeübt werden kann.

Als Unterlage zur
Herstellung von cha-
rakteristischen Nie-
derschlägen und zu
sonstigen Schmelzver-
suchen dient *Holz-
kohle.* Man macht mit
einem Spatel oder Ta-
schenmesser auf der
einen Seite der Kohle
ein Grübchen, in das
die zu untersuchende
Substanz kommt. Dann
bläst man, je nach-
dem oxydierend oder
reduzierend und hält
die Flamme so, daß
sich eventuell bildende

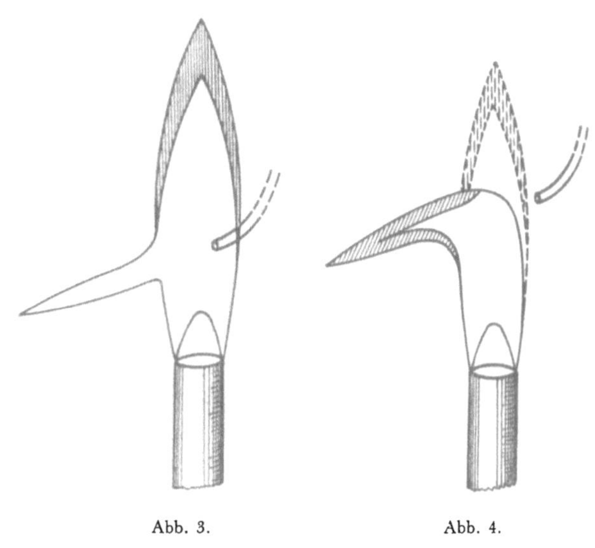

Abb. 3.   Abb. 4.

Oxydationsprodukte auf der Kohle niederschlagen können. Daher dürfen
auch nicht zu kleine Kohlen gebraucht werden, damit der öfter erst
weiter weg vom Grübchen entstehende Beschlag noch auf der Kohle ver-
bleibt. Im allgemeinen ist für unsere Zwecke gewöhnliche Holzkohle ausreichend, nur für die Bestimmung von Schwefel muß schwefelfreie Kohle
(im Handel erhältlich) benutzt werden.

Ferner braucht man an Geräten: Hammer, Kneifzange, Stahlmörser
und Reibschalen zum Zerkleinern des Untersuchungsmateriales, Uhr-
gläser, Eprouvetten, Kölbchen und Glasröhren (etwa 20 cm lang mit
4—6 mm Durchmesser), Platindraht oder Magnesiastäbchen, kleines Silberblech oder Silbermünze, Pinzetten, Spatel, Löffel und gegebenenfalls Halter
für Eprouvetten und Kohlen.

An Chemikalien benötigt man:

$$\left.\begin{array}{l}\text{Salzsäure HCl} \\ \text{Salpetersäure HNO}_3 \\ \text{Schwefelsäure H}_2\text{SO}_4\end{array}\right\} \text{alle Säuren konzentriert und verdünnt,}$$

Ammoniak NH_3 in wässeriger Lösung, Kalilauge KOH, Soda Na_2CO_3,
auch schwefelfreie, Borax $Na_2B_4O_7 . 10\,H_2O$; als Ersatz kann Kernit ver-
wendet werden. Phosphorsalz $H\,(NH_4)\,NaPO_4 . 4\,H_2O$, Kalisalpeter KNO_3,
Kaliumbisulfat $KHSO_4$, Kupferoxyd, Kaliumjodid KJ (oder Natriumjodid
NaJ), Schwefelblumen, Kobaltnitrallösung $Co\,(NO_3)$ in wässeriger Lösung,
Flußspatpulver, Zinkkörner, Zinnchlorür $SnCl_2$, Eisenvitriol $FeSO_4 . 7\,H_2O$,
Eisenoxyd Fe_2O_3, Dimethylglyoxim und Methylalkohol.

Das sind alle chemischen Behelfe, die man benötigt, mit Ausnahme der
speziellen Lösungen, die zu den *Feigl*schen Reaktionen notwendig sind.

b) Der Nachweis von Elementen mit dem Lötrohr.

Für die Zwecke der Mineralbestimmung wären chemische Untersuchungen, die schon Spuren eines Elementes anzeigen, nicht zu gebrauchen. Solche würde man ja nur allzuoft festlegen können, sie machen jedoch nicht das Wesen des Minerals aus; man benötigt vielmehr *weniger empfindliche* Reaktionen, die ein Element nur dann anzeigen, wenn es in größerem Maße (im allgemeinen von 1—2% aufwärts) im Mineral enthalten ist, also zur chemischen Charakteristik desselben gehört. Die Bestimmung muß ferner eindeutig sein; Angaben, wie man sie in den Bestimmungsbüchern findet, daß sich Magnesium z. B. durch eine bestimmte Färbung mit Kobaltlösung zu erkennen gibt, sind durchaus auszuschalten, da der Eintritt der Reaktion nur unter bestimmten Voraussetzungen und nur bei manchen Magnesium-Mineralen stattfindet. Der Schluß, daß bei negativem Befund kein Magnesium vorliegt, wäre ein Trugschluß. Das gleiche gilt von einigen anderen Angaben.

Der Nachweis bestimmter Elemente geschieht auf verschiedenem Wege, durch sogenannte *Perlen*, durch *Beschläge* auf der Kohle, durch *Farbreaktionen*, durch *Flammenfärbung*, durch *Reduktion mit Soda*, durch Erscheinungen beim Erhitzen im Kölbchen und auf einige andere Arten, also auf sogenanntem trockenen Wege. Nur in wenigen Fällen muß man den nassen Weg beschreiten, wie er in der qualitativen Analyse gebräuchlich ist, da der trockene Weg nicht absolut verläßlich ist.

Die Perlenschmelzen[1].

Eine kleine auf dem Platindraht oder dem Magnesiastäbchen geschmolzene Menge von Borax oder Phosphorsalz nimmt oft schon bei sehr geringem Zusatz eines Elementes eine charakteristische Farbe an. Dabei kann man einen Unterschied zwischen *Oxydationsperlen* und *Reduktionsperlen* machen, d. h. man kann nach Zusatz zur Perle oxydierend oder reduzierend aufschließen.

Die Herstellung einer Perle in der Öse eines Platindrahtes oder an einem reinen Ende eines Magnesiastäbchens geschieht folgendermaßen: Eine geringe Menge von Borax oder Phosphorsalz, die man auf einem Uhrglas bereit hat, wird mit dem in der Flamme heiß gemachten Platindraht oder Magnesiastäbchen aufgenommen und in der heißen Flamme — rascher in der Lötrohrflamme — geschmolzen, bis eine glasklare Perle entsteht, was beim Phosphorsalz wegen des starken Schäumens (Entweichen von NH_3 und H_2O) etwas längere Zeit beansprucht. Borax wird durch H_2O-Abgabe zu $Na_2B_4O_7$, das Phosphorsalz zu $NaPO_3$. Erst dann nimmt man mit der noch heißen Perle etwas von dem auf ein Uhrglas gebrachten Mineralpulver auf und glüht so lange mit der Oxydations- oder Reduktionsflamme, bis das Pulver sichtlich aufgeschlossen ist, bis also kein Pulverrest mehr zu erkennen ist. Es tritt dann eine Verfärbung der Perlenschmelze ein, oft schon beim ersten Versuch, oft erst nach Wiederholung. Prinzip muß sein, zunächst nur wenig zuzusetzen und nur allmählich den Zusatz

---

[1] Vgl. spez. Reaktionen auf S. 24 ff!

steigern, da zu viel Pulver eine zu dunkle Farbe herbeiführt, die nicht typisch ist. Es muß hier weiter bemerkt werden, daß *feinstes* Mineralpulver zur Verwendung kommen muß, weil nur dieses sich leicht und rasch aufschließt. Öfter macht man den Fehler, gröbere Körnchen in die Perle zu bringen; der angebliche Zeitgewinn ist eine Täuschung, da das häufige Mißlingen der Perlenfärbung nachher weit mehr Arbeit erfordert, als das Pulvern des Minerals. Dieses geschieht nach grober Zerkleinerung des Minerals im Stahlmörser in der Reibschale (Porzellanreibschale genügt).

Mangan ergibt auf diese Weise eine amethyst-violette Boraxoxydationsperle (wenn keine andere Bemerkung, so ist stets die kalte Perle gemeint). Auch die Phosphorsalzperle gibt die gleiche Färbung, nicht aber die Reduktionsperle, was zur Unterscheidung von Titan (siehe dort) herangezogen wird. *Nickel* gibt in der Boraxoxydationsperle eine „nelkenbraune" Färbung, worunter man das Braun der Gewürznelke versteht (vergleiche die Farbe des Minerals Axinit). Bei zu starker Sättigung wird die Perle schmutzig-braun und undurchsichtig. *Kobalt* gibt eine smalteblaue Boraxoxydationsperle; auch die anderen Perlen werden blau. Hier könnte vielleicht eine Verwechslung mit Kupfer eintreten, das auch oft eine blaue Perle (ein helleres Blau) ergibt. Da beide Elemente nicht zusammen vorkommen und das Cu auf nassem Wege sicherer bestimmt wird, so kann kaum ein Fehler in der Bestimmung unterlaufen. Ein gewisser Nachteil liegt darin, daß *Nickel* und *Kobalt* gerne zusammengehen; dann erhält man die eine oder die andere Perle, gewöhnlich zuerst die empfindlichere Co-Perle, nur in seltenen Fällen beide. Oft hilft die Beobachtung eines grünen Nickelbeschlages (Nickelblüte) oder eines violetten Kobaltbeschlages (Kobaltblüte) auf der Mineralstufe selbst über die Schwierigkeit hinweg. *Chrom* gibt für alle Perlen eine smaragdgrüne Färbung, am deutlichsten die Borax-Oxydationsperle, die man zur Sicherheit noch mit etwas Soda und Kalisalpeter (KNO_3) zusammenschmilzt, wobei sich diese Schmelze chromgelb färbt (man bringt etwa die zweifache Perlenmenge auf die Perle und schmilzt kurz auf, bis eine gelbe Kruste um die Perle entsteht). Ein unzweideutiger und auch zur Spurensuche verwendbarer Weg wurde von *F. Feigl* angegeben (siehe S. 19). Für die Bestimmung von *Eisen* verwendet man am besten eine Phosphorsalz-Oxydationsperle, die man vorsichtig so weit sättigt, bis die Perle in der Hitze (aber nach dem Glühen) wie ein dunkler Honigtropfen aussieht, der beim Abkühlen farblos wird. Bei stärkerer Sättigung bleibt auch die kalte Perle gelb. In den Bestimmungsbüchern findet sich die Angabe, daß die Phosphorsalz-Reduktionsperle flaschengrün wird. Das erreicht man jedoch nur nach längerem und sorgfältigem Reduzieren, weshalb dieser Weg wegfallen kann. *Uran* gibt in der Borax-Oxydationsperle eine gelbe, in der Reduktionsperle bei stärkerer Sättigung eine grünliche Färbung. Sicherer ist es, die Perle im ultravioletten Licht zu prüfen (siehe S. 29). *Vanadium* gibt eine chromgrüne Borax-Reduktionsperle.

Für die Elemente *Titan, Wolfram* und *Molybdän* benötigt man Phosphorsalz-Reduktionsperlen. Diese ist bei Titan amethyst-violett mit etwas bläulichem Stich, falls man mit dem Platindraht arbeitet, auf dem

Magnesiastäbchen ist dem Violett ein starker bläulicher Ton beigemengt. Es muß sorgfältig reduziert werden. Bei Anwesenheit von viel Eisen (z. B. bei Wolframit, Ilmenit und manchem Rutil) gelingt es kaum, die Ti-Perle zu erhalten. Man kann dann folgende Prüfung vornehmen: Man macht einen Sodaaufschluß (als Perle am Stäbchen) und löst die Schmelze in HCl. Nach Zusatz eines Zinkkornes und nachherigem Erhitzen färbt sich die Lösung blaßviolett. Man kann daher bei eisenreichen Titanmineralen, die keine deutliche Amethystfarbe, dagegen braune bis blutrote Perlenfärbung aufweisen, diese Kontrolle ausführen. *Molybdän* gibt eine grüne Perle, die blasser und anders gefärbt ist als die smaragdgrüne Perle von Chrom. Mit Uran und Chrom kann eine Verwechslung dann vermieden werden, wenn man eine Oxydationsperle erzeugt, die bei Chrom smaragdgrün wird, bei Molybdän farblos bleibt und bei Uran gelb wird. Schließlich wird noch *Wolfram* durch eine Phosphorsalz-Reduktionsperle nachgewiesen, die in der Hitze schmutziggrün, in der Kälte (schmutzig)blau ist.

Weitere Perlenfärbungen zur Bestimmung mit heranzuziehen, ist überflüssig und eher irreführend als nützlich.

Die Beschläge auf der Kohle.

Bringt man eine grobgepulverte Mineralprobe (etwa eine Messerspitze voll) in das Grübchen der Kohle und bläst oxydierend bis zum Schmelzen bzw. Verdampfen, so setzt sich nahe der Substanz oder erst etwas weiter entfernt ein Niederchlag (Oxydbeschlag) ab, der für manche Elemente typisch ist und für sich allein oder nach Weiterbehandlung zur Bestimmung dient. Auf diese Weise stellen wir fest: *Arsen* entwickelt starken weißen Rauch von As_2O_3, der sich in größerer Entfernung als weißer Beschlag absetzt. Ebenso verhält sich *Antimon*, das gleichfalls leicht flüchtig ist. Diese starke Rauchentwicklung ist für beide Elemente charakteristisch, der Antimonrauch ist geruchlos (von einem Geruch nach SO_2, der gewöhnlich damit parallel geht, wenn es sich um eine Schwefelverbindung handelt abgesehen), der Arsendampf riecht auffallend nach Knoblauch. Damit sind beide Elemente nachgewiesen.

Blei- und *Wismut*-Verbindungen geben nahe der Substanz einen gelben Beschlag von PbO bzw. Bi_2O_3. Zur Unterscheidung versetzt man die Probe mit einer Messerspitze voll Kalium- oder Natriumjodid, vermischt mit etwas Schwefelblumen, und erzeugt neuerlich einen Beschlag; dieser wird bei Anwesenheit von Wismut schön orangerot (Bildung von Wismutjodid), bei Blei bleibt ein gelber Beschlag von Bleijodid. Für die Wismutbestimmung genügt diese Beobachtung, für die Bleibestimmung kann man zur Sicherheit eine Reduktion mit Soda vornehmen (siehe S. 23). Einen gelblichen Beschlag gibt ferner das *Zink*, aber nur heiß, kalt wird er weiß; die Bestimmung erfolgt auf andere Weise.

Kadmium gibt einen braunen Beschlag, der am Außensaum bunt anlauft.

Silber liefert einen rötlichen Beschlag nahe der Probe. Da man heute eine ausgezeichnete Reaktion zum Nachweis von Silber besitzt, so kommt dieser Beobachtung nur orientierende Bedeutung zu.

Selen gibt einen schwachen grauen Beschlag, der mit der Flamme leicht zu vertreiben ist. Der Rauch riecht nach faulem Rettich.

Hinweise zur praktischen Durchführung: Es wird oxydierend geblasen, da ja ein Oxydbeschlag erzielt werden soll. Die Kohle so halten, daß für den auch weiter entfernten Beschlag Raum bleibt. Um das Fortblasen der gepulverten Substanz zu verhindern, bläst man zuerst vorsichtig und leicht oder man verrührt das Mineralpulver mit einigen Tropfen Wasser zu einem Brei, den man in das Grübchen schmiert. Schließlich blase man so, daß man einen eventuellen Beschlag nicht frühzeitig vertreibt.

Farbreaktionen auf Sodaschmelzen.

Für die Bestimmung von *Aluminium* und *Zink* macht man folgende Farbreaktion: Eine Messerspitze voll feinstgepulverter Substanz wird mit der drei- bis vierfachen Menge Soda in der Reibschale gut vermischt, in das Grübchen der Kohle gebracht und bis zum Aufschluß geschmolzen. Sodann werden auf die heiße, jedoch nicht mehr glühende Schmelze ein bis drei Tropfen Kobaltlösung gebracht (mit einem Glasstäbchen oder dem Magnesiastäbchen). Es entsteht nach Abkühlen ein blauer oder grüner Fleck, falls zufällig die Konzentrationsverhältnisse günstig getroffen wurden. Gewöhnlich muß man den Vorgang einigemale wiederholen und den Überschuß an Kobaltnitrat, der sich an braun-schwarzen Flecken zu erkennen gibt, durch kurzes Anblasen mit der Flamme entfernen, bis der Farbton zum Vorschein kommt. Das sogenannte *Thenardsblau* (= Kobaltaluminat) bei Aluminium ist leider kein für alle Fälle giltiges Kennzeichen. Es zeigen daher manche Al-hältige Mineralien diese Erscheinung nicht; trotzdem ist diese wichtige Reaktion von Bedeutung bei der Bestimmung. Die Zinkverbindungen geben das sogenannte *Rinnmannsgrün*, doch ist bei Anwesenheit von viel Eisen der Nachweis recht schwierig und kann fehlgehen; die Schmelze ist dann schmutzig-braun und das Grün ist höchstens als schmutzig braun-grüner Fleck wahrzunehmen (versuche die Unterschiede zwischen Zinkspat und dunkler Zinkblende)! Manche Tonerdeminerale geben nach dem Glühen und Betupfen mit Kobaltnitrat auch ohne Aufschluß mit Soda eine Blaufärbung. Auch diese Farbreaktion wird beim Bestimmen Verwendung finden.

Die Flammenfärbungen.

Die *nichtleuchtende* Bunsenflamme — die Kerzenflamme ist wegen des leuchtenden Saumes weniger geeignet — wird schon durch Spuren mancher Elemente gefärbt; einige solcher Flammenfärbungen benützt man daher zur Bestimmung. *Natrium* verleiht schon in geringsten Spuren der Flamme eine gelbe Farbe, die leider auch viele andere Färbungen überdeckt. Da schon ein unreiner Platindraht zur Gelbfärbung genügt, so ist praktisch die Natronflamme selten zu Bestimmungszwecken verwendbar. Auf jeden Fall glühe man hier und bei allen Versuchen zur Flammenfärbung nach vorherigem Reinigen mit Salzsäure den Platindraht oder das Magnesiastäbchen gut aus. Das *Kalium* färbt die Flamme violett. Vergleiche die Färbung mit einem reinen K-Salz oder durch Hineinhalten einer Zigarre in die Flamme! Für reine Kaliumverbindungen ist diese Flammenfärbung ein Erkennungsmerkmal, sowie jedoch Natrium oder Lithium anwesend ist, wird die Kaliflamme übertönt. Durch geeignete Lichtfilter (blaues Kobaltglas) ist die Flammenfärbung durch Kali trotzdem zu sehen, wenn es in nicht zu geringen Mengen vorkommt. *Calcium* verleiht der Flamme eine gelbrote, *Strontium* eine mehr purpurrote Farbe. Beide sind oft schwierig zu unterscheiden, man vergleiche dann Standardpräparate. *Lithium* färbt die Flamme intensiv karminrot und übertönt die anderen Farben. *Barium* gibt eine fahlgrüne (gelbgrüne) Färbung, *Bor* eine intensiv grüne.

Durch eine Flammenfärbung besonderer Art bestimmt man das *Chlor*. Dazu benutzt man irgendeine Perle, sättigt diese mit Kupferoxyd so stark, bis sie ganz schwarz ist, nimmt etwas feines Pulver des Cl-haltigen Minerals auf diese Perle und hält sie in die nichtleuchtende Bunsenflamme (oder bläst oxydierend mit dem Lötrohr). Nach kurzem Glühen zeigt sich um die Perle herum ein azurblauer Saum, der durch flüchtiges Kupferchlorid entsteht. Die Umkehrung des Vorganges zum Nachweis des Kupfers geht nicht bei allen Kupferverbindungen, ist daher als Kupfernachweis nicht verwendbar.

Alle übrigen Flammenfärbungen, die in Bestimmungsbüchern angegeben werden, sind nicht immer verläßlich und können nur ab und zu mit herangezogen werden.

Zur *praktischen Durchführung* sei bemerkt: Man erhält manchmal die Flammenfärbung bereits, wenn man einen Splitter des Minerals oder feines Pulver in den äußersten Saum der heißen Zone der nichtleuchtenden Bunsenflamme bringt. Im allgemeinen geht man jedoch so vor, daß man salzsäurelösliche Minerale auf dem Platindraht oder Magnesiastäbchen mit HCl befeuchtet und wie oben in die Flamme bringt. Es muß nicht schon beim ersten Versuch die Farbe zum Vorschein kommen, oft ist dies erst bei mehrfacher Wiederholung der Fall, auch taucht die Färbung gewöhnlich nur einen Moment auf und erfaßt nicht die Flamme in ihrer Gesamtheit. Letzteren, sehr eindrucksvollen Effekt erreicht man bei Karbonaten, die mit Salzsäure aufbrausen, dadurch, daß man die Substanz im Uhrglas mit HCl übergießt und sofort unter den Bunsenbrenner hält, wodurch die ganze Flamme prächtig gefärbt wird. Versuche dies bei $CaCO_3$, $SrCO_3$, $BaCO_3$, Li_2CO_3! Insbesondere ist es wichtig, Calcium- und Strontiumkarbonat für Vergleichszwecke bereitzuhalten. Nicht in Salzsäure lösliche Verbindungen, wie z. B. Baryt ($BaSO_4$), müssen zuerst auf der Kohle gut durchgeglüht werden, bevor man sie mit HCl befeuchtet in die Flamme bringt. Am schwierigsten ist die *Bor*-Flammenfärbung bei manchen Mineralen zu erzielen, die wie z. B. bei Turmalin manchmal überhaupt versagen kann. Man versuche zunächst feines Pulver mit H_2SO_4 befeuchtet in die Flamme zu bringen; führt dies zu keinem Erfolg, so schließt man mit Flußspatpulver und Natriumbisulfat (etwa dreifache Menge des Mineralpulvers) auf und bringt diese Schmelze in die Flamme; das genügt fast stets. Schließlich kann man folgendermaßen vorgehen: Das Mineralpulver wird in einer Porzellanschale mit konz. H_2SO_4 übergossen, man rührt mit

Glasstab eine kurze Zeit um, übergießt dann mit 20 bis 30 Tropfen Methylalkohol und zündet diesen an, worauf die Flamme die Grünfärbung zeigt.

Reduktion zum metallischen Korn auf der Kohle.

Durch Mischen des *feinen* Mineralpulvers mit etwa der drei- bis vierfachen Menge Soda und *reduzierendes* Blasen auf der Kohle kann man manche Metalle aus Mineralen in Form von Kügelchen oder Schüppchen heraus-
bringen. Man verwendet den Prozeß heute nur mehr bei der Bestimmung
von Blei, dessen glänzende und weiche Kügelchen leicht zu erkennen sind.
Nach früheren Angaben ergibt auch Zinn, besonders mit KCN reduziert,
auf diese Weise feine Flitterchen. Da indes der Versuch gewöhnlich miß-
lingt und außerdem bei der Giftigkeit von Cyankalium auch nicht unge-
fährlich ist, so geht man heute einen anderen Weg (siehe S. 30). Ebenso
kommen andere Reduktionen heute nicht mehr zur Verwendung. Nur für
Silber kann, falls das *Feigl*sche Reagenz (siehe S. 22) nicht zur Verfügung
steht, die Reduktion zum Silberkorn vorgenommen werden.

Erhitzen im Kölbchen mit Soda.

Quecksilberverbindungen mit der drei- bis vierfachen Menge Soda gut
vermischt geben nach Erhitzen im Kölbchen (etwa 5 bis 7 cm lang und 6 mm
im Durchmesser) einen Belag von Quecksilber, den „Quecksilberspiegel"
oder feine Tröpfchen auf der Soda. Ebenso liefert Arsen einen „Arsenspiegel". Bei *Ammoniumverbindungen* entweicht NH_3, das am Geruch und
durch Blaufärbung von Lackmuspapier erkannt wird. Auch die *Wasser-
bestimmung* nimmt man im Kölbchen vor.

Über einige besondere Verfahren, wie zur Bestimmung von Nitraten,
von Fluor, Schwefel, Zinn und Kupfer siehe S. 24 ff.

2. Die Reaktionen nach F. Feigl und H. Leitmeier.

Diese Methoden sind mikrochemischer Art und von großer Empfindlichkeit, die aber auch in einer Form durchgeführt werden können, daß sie als
Erweiterung unserer „Lötrohrmethoden" anzusehen sind, d. h. nur dann
ein Element anzeigen, wenn es zur Konstitution des Minerals gehört, nicht
aber wenn es nur in Spuren vorhanden ist. Da auch nur wenige Reagenzien
notwendig sind und ebenso wenige andere Hilfsmittel, lassen sie sich in
den Bestimmungsgang um so leichter einbauen.

Es folgt eine Zusammenstellung der Reaktionen, die wir praktisch
benutzen und von denen besonders der Nachweis von Phosphor und Magnesium von größter Wichtigkeit ist, weil dadurch bisherige empfindliche
Mängel behoben werden.

Die Reaktion auf Chrom[1].

Ein Zehntel-, oder wenn die Chrommenge voraussichtlich nicht sehr
klein ist, ein Hundertstel-Gramm des feinst gepulverten Minerals werden

---

[1] *H. Leitmeier* u. *F. Feigl:* Eine Methode zur Erkennung von Chrom in Mineralien
und Gesteinen. Min. petr. Mitt. *41*, 95—102, 1931.

im Porzellantiegel mit Soda oder besser mit Natriumsuperoxyd aufgeschlossen (Dauer etwa eine Minute). Nach Abkühlen setzt man 2 bis 3 Tropfen $2n$-H_2SO_4 zu und löst unter gelindem Erwärmen. Dann fügt man 2 bis 3 Tropfen einer alkoholischen Lösung von Diphenylcarbazid zu, dessen rote Farbe bei Anwesenheit von Cr sofort in Violett umschlägt. Ist kein Chrom vorhanden, so bleibt die Lösung rot oder wird noch stärker rot. Es muß Säureüberschuß vorhanden sein, daher ist es notwendig, nach dem Diphenyl-Zusatz bei Nichteintreten eines Farbumschlages noch 2 Tropfen H_2SO_4 zuzusetzen. Erst dann kann nach Ausbleiben eines Farbumschlages auf das Fehlen von Cr geschlossen werden. Nach mehreren Versuchen kann der Porzellantiegel mit Chrom verseucht werden. Blindversuche sind daher von Zeit zu Zeit anzustellen.

Bei Chrommengen, die über Spuren hinausgehen, etwa von 1% aufwärts, kann der Aufschluß auf dem Platindraht erfolgen; das Carbazid setzt man auf einem Porzellanschälchen zu.

Molybdän zeigt die gleiche Reaktion. Man verhindert dies, wenn nötig, durch Zusatz weniger Tropfen von Oxalsäure vor dem Carbazid-Zusatz.

Die Reaktion auf Fluor[1].

Obwohl manche Minerale in Pulverform direkt mit dem Reagenz behandelt werden können, empfiehlt es sich doch, um Irrtümer zu vermeiden, jede auf Fluor zu prüfende Substanz zuerst auf dem Platindraht mit Soda aufzuschmelzen, die Perle zu zerdrücken und auf ein Uhrglas zu bringen, worauf man wenige Tropfen einer Zirkon-Alizarinat-Lösung bringt, dessen rotviolette Farbe bei Anwesenheit von Fluor ins Honiggelbe umschlägt. Das geschieht *sofort* oder innerhalb einer Minute, wogegen der Phosphor, der gleichfalls dieselbe Reaktion zeigt, etwas länger braucht. Es ist praktisch, neben dem zu untersuchenden Mineral auch ein Präparat von Calciumphosphat zum Vergleich mit der Alizarinat-Lösung zu versetzen; die Fluor-hältige Probe muß dann *früher* den Farbumschlag zeigen.

Die geringen Fluorgehalte wie z. B. im Topas, Amblygonit, Zinnwaldit u. a. sind mit dieser vereinfachten Methode noch sicher nachzuweisen. Für Spurensuche genügt dieser Vorgang nicht (vgl. die Originalarbeit).

Die Reaktion auf Magnesium[2].

Bei Mineralen mit größerem Mg-Gehalt, die schon ohne Sodaaufschluß Spuren von Mg an eine Nitrobenzoazoresorzin-Lösung abgeben, genügt kurzes Kochen in der Eprouvette, nachheriges Filtrieren und Waschen mit KOH oder NaOH, worauf bei Anwesenheit von Mg in kürzester Zeit eine Blaufärbung der benetzten Filterstellen eintritt oder das Mineralpulver selbst bereits beim Kochen blau gefärbt wird. Gegebenenfalls kann das Blau durch Auswaschen mit Chloroform noch deutlicher gemacht werden.

---

[1] *H. Leitmeier* und *F. Feigl:* Der Nachweis von Fluor in Mineralien und Gesteinen. Min. petr. Mitt. *40*, 6—19, 1929.

[2] *H. Leitmeier* und *F. Feigl:* Der Nachweis von Magnesium in Mineralien. Min. petr. Mitt. *40*, 325—334, 1929.

Ein starker Eisengehalt verhindert die Reaktion; um dieses störende Element auszuschalten, glüht man das Mineralpulver gut durch, nimmt mit Wasser auf, setzt etwas Essigsäure zu, wodurch das Magnesium in Lösung geht und dann wie oben bestimmt wird.

Nach Erprobung durch Herrn *E. Zirkl* im Min. petr. Institut der Universität Wien kann der Gang der Untersuchung auf folgende Weise vereinfacht werden: Man macht von Nichtsilikaten auf der Strichtafel einen dicken Strich und bringt 2 bis 3 Tropfen der Nitrobenzoazoresorzin-Lösung darauf; es tritt bei Mg-Gehalt sofort oder innerhalb einer Minute der Farbumschlag auf, besser, rascher und sicherer erst bei gelindem Erwärmen (nicht Kochen!). Durch Nachspülen mit KOH oder NaOH wird der Effekt noch gesteigert.

Bei Silikaten macht man eine Sodaaufschluß-Perle auf dem Platindraht, zerdrückt diese auf der Strichtafel, löst mit konz. HCl, erwärmt erst langsam und raucht dann ab bis zur Trockene. Nach dem *Erkalten* der Strichtafel wird das Resorzin zugesetzt, der Umschlag tritt sofort ein, deutlicher nach Spülen mit KOH oder NaOH.

Bei hohem Fe-Gehalt versagt dieser vereinfachte Weg, er genügt jedoch für unsere Zwecke. Wo das Magnesium das *Leitelement* in einer Gruppe der Bestimmungstabellen ist, verläuft diese Reaktion stets *positiv*. Im übrigen ist immer angegeben, wo das Element auf diesem einfachen und raschen Wege gefunden werden kann.

Die Reaktion auf Mangan[1].

Bei Manganmineralen, die in HNO_3 löslich sind, genügt folgender einfacher Weg: Man stellt auf der Strichtafel ein wenig Pulver her, bringt wenige Tropfen HNO_3 darauf, läßt kurz einwirken, macht mit KOH alkalisch und fügt dann 1 bis 2 Tropfen Benzidin-Lösung bei, wodurch eine Blaufärbung eintritt. Nicht in HNO_3 lösliche Minerale, wie vor allem Silikate, schließt man auf dem Platindraht mit Soda auf, löst die Perle in HNO_3, bringt einige Tropfen auf Filterpapier und arbeitet weiter wie oben.

Alle Mn-Mineralien sind auf diese Weise feststellbar, nur muß man darauf achten, daß bei hohem Eisengehalt KOH im Überschuß vorhanden ist.

Bei *sehr geringer* Menge von Mangan gegenüber Eisen muß außer KOH auch Natriumtartrat vor dem Benzidin zugesetzt werden. Für die Bestimmung von Manganmineralien reicht jedoch der erste Weg vollkommen aus.

Die Reaktion auf Phosphor[2].

Am raschesten führt folgender Vorgang zur Bestimmung: Man erzeugt auf der Strichtafel etwas Pulver von dem zu untersuchenden Mineral, bringt einige Tropfen Ammoniummolybdat in salpetersaurer Lösung dazu,

---

[1] *H. Leitmeier:* Ein einfacher Nachweis des Mangans in Mineralien und Gesteinen. Min. petr. Mitt. *41*, 87—94, 1931.

[2] *H. Leitmeier* und *F. Feigl:* Ein rascher und empfindlicher Nachweis von Phosphorsäure. Min. petr. Mitt. *39*, 224—240, 1928.

erwärmt kurz über der klein gestellten Bunsenflamme und versetzt mit 2 bis 3 Tropfen Benzidin und nachher mit ebensoviel Ammoniak. Es tritt sofortige Blaufärbung auf.

Die Reaktion auf Silber[1].

Eine schwache Messerspitze voll oder auch noch weniger der grobgepulverten Substanz genügt zum Nachweis. Diese Menge wird in einem Probierröhrchen aus Jenaer Glas solange mit HNO_3 erhitzt, bis fast alles zur Trockene eingedampft ist, also nur mehr wenig Säure vorhanden ist. Nach Abkühlen kocht man mit Wasser kurz auf und setzt nach Abkühlen das Reagenz p-Dimethylamino-benzylidenrhodanin in azetoniger oder alkoholischer Lösung zu, worauf sofortiger Farbumschlag in Rot zum Vorschein kommt. Auf diese Weise zeigen sich Silberminerale an, nicht aber Spuren von Silber z. B. im Bleiglanz. Zur Spurensuche muß der Weg geändert werden; diesbezüglich vgl. die Originalarbeit.

Die Reaktion auf Kieselsäure[2].

In der Lötrohrkunde wird das sog. Kieselsäureskelett in der Phosphorsalzperle als das einzige Mittel zum Nachweis von Si angegeben. Aus verschiedenen Gründen (vgl. Lit.) ist diese Art der Bestimmung als völlig unverläßlich abzulehnen. Man mußte daher auf diese Bestimmung verzichten. Diesen Übelstand haben obige Autoren beseitigt, wir besitzen in der Methode eine sehr empfindliche, sichere und einfach durchzuführende Möglichkeit zur Bestimmung.

Durchführung: Die Kieselsäure muß in löslicher Form vorliegen, weshalb man bei Silikaten am Platindraht oder am Magnesiastäbchen mit Na_2CO_3 und K_2CO_3 aufschließt, wobei sehr geringe Mengen zum Aufschluß genügen, und löst nachher in verdünnter HNO_3 auf. Für unsere Zwecke kann dies in einer gewöhnlichen Eprouvette erfolgen, bei Spurensuche muß Jenaer Geräteglas verwendet werden. Zu dieser Lösung kommen einige Tropfen Ammoniummolybdatlösung und nach Abkühlen 1 bis 2 Tropfen einer 25%igen Benzidinlösung. Hierauf wird in annähernd gleicher Menge eine kalt gesättigte Natriumazetatlösung zugesetzt. Bei Anwesenheit von Kieselsäure entsteht ein blauer Niederschlag oder eine Blaufärbung der Lösung.

3. Zusammenstellung der Reaktionen.

Aluminium. Man mischt feinstes Pulver mit der drei- bis vierfachen Menge Soda und schmilzt bis zum Aufschluß auf der Kohle, befeuchtet mit Kobaltlösung bis zum Auftreten der blauen Flecken *(Thenardsblau).* Der Nachweis gelingt nicht bei allen Verbindungen von Al; besonders Eisen stört die Reaktion. Deshalb ist Al selten Leitelement in den Tabellen. Wo es zur Bestimmung nutzbringend herangezogen werden kann, ist dies angegeben. In manchen Fällen zeigt das Mineral selbst nach dem Glühen und Befeuchten mit Kobaltlösung Blaufärbung.

---

[1] *F. Feigl* und *H. Leitmeier:* Ein einfacher Nachweis von Silber in Mineralien. Min. petr. Mitt. *41*, 188—196, 1931.

[2] *F. Feigl* und *H. Leitmeier:* Ein rascher und empfindlicher Nachweis der Kieselsäure. Min. petr. Mitt. *40*, 1—5, 1929.

Beispiele: Kaolin, Kalialaun, Disthen.

Ammonium siehe *Stickstoff!*

Antimon. Grobes Pulver auf Kohle oxydierend erhitzt entwickelt starken weißen Rauch und in größerer Entfernung einen weißen Beschlag von Sb_2O_3. Der Rauch besitzt *keinen* Knoblauchgeruch (Unterschied gegenüber Arsen).

Beispiele: Antimonit, Boulangerit.

Arsen. Beim Erhitzen von grobem Pulver auf der Kohle entsteht starker, leicht flüchtiger Rauch und weißer Beschlag von As_2O_3 in größerer Entfernung von der Probe. Auffallender Knoblauchgeruch! Im Kölbchen mit Soda erhitzt Arsenspiegel, der bei Arsensulfiden auch einen dunkelbraunen Belag im Kölbchen liefert.

Beispiele: Arsenkies, Realgar.

Barium wird durch die fahl(gelb)grüne Flammenfärbung bestimmt. Bei salzsäurelöslichen Verbindungen bringt man etwas von der Probe auf den Platindraht oder das Magnesiastäbchen mit HCl befeuchtet in den äußersten Saum der nicht leuchtenden Flamme, wobei die Flammenfärbung wenn nicht sofort, so nach einigen Versuchen zum Vorschein kommt. Oft zeigen Splitter des Minerals allein schon beim Hineinbringen in die Flamme einen Moment lang die charakteristische Färbung. Bei nicht in HCl löslichen Mineralen wird die gepulverte Probe auf der Kohle gut geglüht und dann in gleicher Weise behandelt, wobei besonders mehrmalige Versuche notwendig sind, weil die Flammenfärbung oft nur einen Augenblick zu beobachten ist. Bei Bariumsilikaten versagt diese Methode.

Beispiele: Witherit, Baryt.

Blei. Grobes Pulver auf der Kohle oxydierend erhitzt, gibt nahe der Substanz einen gelben Beschlag von PbO, der in größerer Entfernung weiß wird ($PbCO_3$ oder $PbSO_4$). Den gleichen Beschlag zeigt auch Wismut, weshalb eine Trennung vorgenommen werden muß (siehe bei Wismut). Zum weiteren Nachweis von Blei wird feinstes Pulver mit der drei- bis vierfachen Menge Soda vermischt auf der Kohle *reduzierend* solange geschmolzen, bis sich durch die Reduktion kleine metallisch glänzende Kügelchen von gediegen Blei auf der Schmelze bilden, die an ihrer Weichheit — sie lassen sich mit dem Messer leicht zerdrücken — erkennbar sind.

Beispiele: Bleiglanz, Bournonit, Cerussit.

Bor. Der Nachweis erfolgt durch die intensiv grüne Flammenfärbung. Manche Bor-Minerale zeigen sie schon beim Schmelzen auf der Kohle oder beim Hineinhalten eines Splitters in die heiße, nicht leuchtende Flamme, besonders nach Befeuchten mit H_2SO_4, andere erst nach dem Zusammenschmelzen mit Flußspatpulver und Kaliumbisulfat bei gleicher Behandlung. Wo dieser Weg versagt, kann man folgendermaßen vorgehen: Feingepulvertes Material übergießt man in einer Porzellanschale mit konz. Schwefelsäure und setzt nach kurzem Verrühren etwa 30 Tropfen Methylalkohol zu und zündet diesen an; die Flamme zeigt dann die charakteristische Färbung, die nur in manchen Fällen, wenn wenig Bor vorhanden ist, nicht zum Vorschein kommt, wie dies bei Turmalinen der Fall sein kann.

Beispiele: Datolith, Colemannit.

Calcium verleiht der Flamme eine gelbrote Färbung. Salzsäurelösliche Karbonate zeigen beim Befeuchten mit HCl die Flammenfärbung sehr deutlich. Bei Karbonaten, die schon in kalter Salzsäure unter Aufbrausen löslich sind, ist es am besten, das gepulverte Material auf einem Uhrglas mit HCl zu übergießen und unter die Luftzufuhrstelle des Bunsenbrenners zu halten. Dadurch wird die gesamte Flamme gleichmäßig gefärbt. Zur Unterscheidung gegenüber dem sich ähnlich verhaltenden Strontium vergleiche man am besten Standardpräparate von $CaCO_3$ und $SrCO_3$ an zwei Flammen. Natrium und Lithium überdecken die Calcium-Färbung. Bei Sulfaten muß man zuerst auf Kohle gut glühen, das Pulver mit HCl befeuchten und dann in die Flamme bringen. Die Bestimmung ist bei Silikaten im allgemeinen nicht zu verwenden.

Beispiele: Calcit, Aragonit, Gips.

Chlor. Man sättigt irgendeine Perle, die nicht klar sein muß, mit Kupferoxydpulver so stark, bis sie völlig schwarz und rauh ist und bringt auf diese Perle etwas von dem Pulver des auf Chlor zu untersuchenden Minerals. Beim kurzen Hineinhalten in die heiße nicht leuchtende Flamme oder beim oxydierenden Anblasen mit dem Lötrohr zeigt sich um die Perle ein schmaler azurblauer Hof, hervorgerufen durch flüchtiges Kupferchlorid.

Beispiele: Steinsalz, Carnallit.

Chrom. Die Boraxoxydationsperle (und alle übrigen Perlen) werden smaragdgrün. Zur Kontrolle setzt man der Perle etwas Na_2CO oder K_2CO zu und schmilzt kurz auf. Die Schmelze wird chromgelb verfärbt. Diese Nachweise gelingen nur bei Mineralen, die mehr als 1 % Cr enthalten, sind also nicht sehr empfindlich. Zur Festlegung von geringeren Mengen — jedoch nicht von Spuren — ist folgender Vorgang nach *F. Feigl* und *H. Leitmeier* geeignet: Auf dem Platindraht wird eine geringe Menge (0·1—0·005 g) mit Soda gut aufgeschlossen, dann in $2nH_2SO_4$ in einem weißen Porzellanschälchen gelöst. Bei Zusatz von 1 bis 2 Tropfen einer rot gefärbten alkoholischen Lösung von Diphenylcarbazid tritt bei Anwesenheit von Cr eine violette Farbe auf. Zur Vorsicht kann man noch zwei Tropfen H_2SO_4 zusetzen, da Säureüberschuß notwendig ist.

Beispiele: Chromit, Krokoit.

Eisen. Der Nachweis wird mittels der Phosphorsalz-Oxydationsperle geführt, die man sorgfältig so weit sättigt, bis die Perle in der Hitze (nach dem Glühen) wie dunkler Honig gefärbt ist und beim Erkalten farblos wird. Bei stärkerer Sättigung bleibt die Perle auch in der Kälte gelb. Charakteristischer ist jedoch die erstere Beobachtung. Die Phosphorsalz-Reduktionsperle wird erst nach sehr sorgfältigem Blasen flaschengrün, jedoch nur auf dem Platindraht, nicht aber auf dem Magnesiastäbchen. Dieser Nachweis kann als überflüssig wegfallen.

Beispiele: Magnetit, Hämatit.

Fluor. Bei Mineralen, die Fluor in größerer Menge enthalten, genügt folgender Versuch: In ein etwa 25 bis 30 cm langes Glasrohr, das flach V-förmig umgebogen wird, füllt man die feingepulverte Substanz, mit der drei- bis vierfachen Menge Kaliumbisulfat gut vermischt, ein und erhitzt vorsichtig in der Flamme, bis nach dem Schmelzen des Inhalts Flußsäuredämpfe entweichen, die man am stechenden Geruch erkennt. Vorsichtig riechen, da sonst die Nasenschleimhäute verätzt werden und vor allem Vorsicht auf die Augen, die durch die Dämpfe schwer geschädigt werden können! Kleine Fluorgehalte sind auf diese Weise nicht feststellbar. Dazu benötigen wir die Methode von *F. Feigl* und *H. Leitmeier:* Eine geringe Menge der gepulverten Substanz wird auf dem Uhrglas mit 2 bis 3 Tropfen Zirkon-Alizarinat-Lösung versetzt[1]. Es tritt bei Gegenwart von Fluor eine Umfärbung von Rot-Violett in Gelb ein, entweder sofort oder innerhalb einer Minute. Phosphate haben die gleiche Wirkung, doch dauerte es bis zum Farbumschlag einige Minuten. Silikate und Aluminiumphosphate müssen vorher unbedingt in Soda auf dem Platindraht aufgeschlossen werden, bevor man sie ebenso behandelt. Diese „Alizarinmethode" läßt nicht Spuren erkennen, immerhin sind die kleinen Mengen von Fluor wie in Topas, Triphylin u. a. mit ihr eindeutig bestimmbar.

Beispiele: Fluorit, Kryolith; Topas, Amblygonit nur nach *Feigl!*

Kadmium gibt nahe der Probe auf der Kohle reduzierend behandelt einen braunen, in weiterer Entfernung gelben, oft bunt anlaufenden Beschlag von CdO. Da mit Kadmium fast stets Zink verbunden ist, so erscheint der in der Hitze gelbe Zinkbeschlag nahe der Probe von bräunlichem Beschlag des Kadmiums umsäumt.

Beispiel: Greenockit.

Kalium wird nur dort, wo Natrium oder sonst flammenfärbende Elemente fehlen, an der violetten Färbung der Flamme erkannt. Wenn nicht zu wenig Kali vorhanden ist, so können die Färbungen störender Elemente bei Verwendung von Kobaltglas ausgeschieden werden. Bei Silikaten versagt diese Reaktion.

Beispiele: Sylvin, Kalialaun.

Kieselsäure siehe *Silicium!*

Kobalt. Alle Perlen werden smalteblau bis dunkelblau. Da Kobalt stets mit Nickel parallel geht, so erhält man bald die eine, bald die andere Perlenfärbung, meist jedoch die empfindlichere Co-Perle. Eine Verwechslung könnte gegebenenfalls auch durch eine blaue Kupferperle herbeigeführt werden, doch ist dieses Blau etwas heller und außerdem weisen wir Kupfer auf anderem Wege nach.

Beispiele: Erythrin, Speiskobalt.

Kohlendioxyd CO_2. Grobes Pulver in der Eprouvette mit HCl übergossen zeigt entweder in der Kälte ein deutliches Aufbrausen (CO_2-Entwicklung) oder erst im heißen Zustande. Manche Karbonate geben diese Reaktion nur mit HNO_3. Ein geringes Aufsteigen von Bläschen ist *kein* Merkmal für die Anwesenheit von CO_2 oder es liegen nur Spuren karbonatischer Verunreinigungen vor, es muß *deutliches Entweichen (Mussieren)* auftreten. Nicht vergessen, auch in heißer Säure zu prüfen!

Beispiele: Calcit, Siderit, Malachit.

Kupfer. Absolut sicher ist hier nur der Nachweis auf nassem Wege, da die anderen sonst angegebenen Reaktionen nicht für alle Kupferver-

---

[1] Sicherer ist es, die Probe vorerst auf dem Platindraht mit Soda aufzuschließen, diese Perle zu zerdrücken und wie oben weiter zu behandeln.

bindungen gelten. Vorgang: Gepulvertes Material wird in der Eprouvette mit Salpetersäure (1 cm hoch) übergossen und solange erhitzt, bis Lösung eingetreten ist. Nach Abkühlen setzt man langsam Ammoniak zu, bis die Lösung alkalisch wird. Die Anwesenheit von Kupfer zeigt sich bei etwas Überschuß von NH_3 durch die intensive Blaufärbung der Lösung an. Ausflockendes Eisenhydroxyd läßt man absetzen, um die Blaufärbung besser zu sehen. Bei Salzsäure-löslichen Karbonaten kann man von der salzsauren Lösung ausgehen.

Beispiele: Kupferkies, Malachit.

Lithium färbt die Flamme intensiv karminrot. Diese Farbe überdeckt andere Flammenfärbungen, ist daher als Bestimmungsmerkmal gut verwendbar. Etwas Pulver oder feine Splitter werden auf gut gereinigtem Platindraht oder auf dem Magnesiastäbchen mit HCl befeuchtet in dem äußersten Rand der Flamme zum Verdampfen gebracht. Der Versuch muß mehrmals wiederholt werden, weil die Färbung nicht immer gleich zum Vorschein kommt. Silikate, die wenig Li enthalten, schmilzt man vorher mit Flußspatpulver und Kaliumbisulfat zusammen.

Beispiele: Amblygonit, Triphylin, Lithionglimmer.

Magnesium ist mit Sicherheit in allen Verbindungen nur mit der Methode nach *F. Feigl* und *H. Leitmeier* nachweisbar.

Vorgang: Bei Nichtsilikaten macht man auf der Strichtafel einen dicken Strich und bringt 2 bis 3 Tropfen der Nitrobenzoazoresorzinlösung darauf; innerhalb einer Minute tritt ein Farbumschlag in Blau auf, besonders wenn man gelinde erwärmt. Hinzufügen einiger Tropfen KOH verstärkt die Wirkung.

Silikate schmilzt man zuerst mit Soda auf dem Platindraht gut auf, zerdrückt die Sodaperle auf der Strichtafel, löst mit konzentrierter Salzsäure, erwärmt langsam und raucht schließlich bis zur Trockene ab. *Nach dem Erkalten* erfolgt der Zusatz von Resorzin und KOH wie oben.

Beispiele: Magnesit und Talk.

Mangan. Für die meisten Fälle genügt der Nachweis in der Borax-Oxydationsperle, die soweit angesättigt wird, bis sie amethystviolett erscheint. Dieser Nachweis genügt für Mn-reiche Minerale, versagt jedoch, wenn nur wenig Mangan vorhanden ist, und außerdem wird die Perle durch viel Eisen leicht bräunlich verfärbt. Deshalb kann man nach *F. Feigl* und *H. Leitmeier* so vorgehen: In Salpetersäure lösliche Mn-Minerale kocht man kurz in der Eprouvette auf, bringt einen Teil der Lösung auf quantitatives Filterpapier, macht mit KOH alkalisch und setzt einige Tropfen Benzidinlösung zu. Es tritt eine Verfärbung in Blau ein. Nicht in HNO_3 lösliche Minerale wie Silikate müssen zuerst mit Soda aufgeschlossen werden, wobei der Aufschluß, wenn es sich nicht um sehr geringe Mengen handelt, auf dem Platindraht durchgeführt werden kann. Die Sodaschmelze wird in wenigen Tropfen HNO_3 gelöst auf Filterpapier gebracht und wie oben weiterbehandelt. Bei Anwesenheit von viel Eisen muß auf KOH-Überschuß geachtet werden.

Beispiele: Pyrolusit, Manganspat.

Molybdän ist nur mit der Phosphorsalz-Reduktionsperle nachweisbar; diese wird grün (blasser und etwas gelblich im Vergleich zu der smaragdgrünen Cr-Perle).

Beispiele: Molybdänglanz, Wulfenit.

Natrium zeigt eine gelbe Flammenfärbung. Wegen der überaus großen Empfindlichkeit weisen schon Spuren von Verunreinigungen die Gelbfärbung auf, die daher nur in wenigen Fällen zur Bestimmung zu verwenden ist.

Beispiel: Steinsalz.

Nickel gibt eine nelkenbraune Borax-Oxydationsperle. Bei Kobaltgehalt, den fast alle Nickelminerale aufweisen, erscheint oft nur die Co-Perle, und das Nickel bleibt unbemerkt; daher ist es praktisch, Nickel auch noch auf nassem Wege nachzuweisen. Man löst das Ni-Mineral in HNO_3 auf und versetzt mit einer einprozentigen alkoholischen Lösung von Dimethylglyoxim; es fällt, nachdem man durch Zusatz von Ammoniak schwach alkalisch gemacht hat, ein rosenroter Niederschlag aus. Der Nachweis ist sehr empfindlich und zeigt auch Spuren an. Bei einem Mineral mit wesentlichem Ni-Gehalt muß daher eine sehr beträchtliche Menge des Niederschlages zum Vorschein kommen.

Beispiele: Nickelin, Gersdorffit.

Phosphor ist eindeutig und rasch nur nach *F. Feigl* und *H. Leitmeier* nachweisbar, da die blaugrüne Flammenfärbung sowie andere Merkmale völlig unsicher sind. Der Vorgang nach *Feigl:* Man erzeugt auf der Strichtafel etwas Pulver des P-hältigen Minerals, übergießt dieses mit einigen Tropfen salpetersaurer Ammoniummolybdatlösung und läßt unter leichtem Erwärmen etwa eine halbe Minute einwirken. Dann bringt man 2 bis 3 Tropfen einer Benzidinlösung darauf und setzt 1 bis 2 Tropfen Ammoniak zu. Es tritt bei Anwesenheit von Phosphor lebhafte Blaufärbung auf, gewöhnlich sofort, mitunter erst nach gelindem Erwärmen über der Bunsenflamme.

Beispiele: Apatit, Pyromorphit.

Quecksilber. Verbindungen von Quecksilber werden fein gepulvert, mit der drei- bis vierfachen Menge Soda gut vermischt und im Kölbchen langsam bis zum Schmelzen erhitzt. Es scheidet sich dann an den kühleren Stellen des Kölbchens ein grauer Quecksilberspiegel oder ein schwarzer Beschlag ab, gegebenenfalls sind auch kleine Tröpfchen von Quecksilber in der Sodaschmelze zu sehen.

Bespiele: Zinnober, Quecksilberfahlerz.

Salpetersäure siehe *Stickstoff!*

Schwefel. Im allgemeinen kommt man mit der „Heparprobe" aus. Man mischt feinstes Pulver der Substanz mit der drei- bis vierfachen Menge *schwefelfreier* (!) Soda und schmilzt auf *schwefelfreier* (!) Kohle bis zum Aufschluß. Dann bringt man mit dem Spatel oder mit dem Messer etwas von der Schmelze auf ein Silberblech (Silbermünze), fügt wenige Tropfen Wasser dazu und drückt die Schmelze etwas auf das Blech. Nach ganz kurzer Zeit bemerkt man auf dem Silber nach dem Wegwischen der Substanz einen leberbraunen bis schwarzbraunen Fleck (Bildung von Ag_2S).

Diese Heparprobe zeigt den Schwefel in jeder Verbindung an. Die Reaktion von *F. Feigl* und *H. Leitmeier* auf Sulfidschwefel kann hier der Einfachheit halber wegbleiben.

Beispiele: Pyrit, Alaun.

Selen gibt einen schwachen grauen Beschlag, der mit der Flamme leicht zu vertreiben ist und sie dabei bläulich verfärbt. Charakteristisch ist der auftretende Geruch nach faulem Rettich.

Beispiel: Clausthalit.

Silber gibt nach gutem Abrösten einen rötlichen Beschlag auf der Kohle nahe der Probe. In der Reaktion von *F. Feigl* und *H. Leitmeier* hat man ein bequemes und sicheres Mittel zur Bestimmung. Eine kleine Messerspitze voll *grob*gepulverten Materiales (auch weniger genügt) wird in einem Probierröhrchen von Jenaer Glas mit HNO_3 bis fast zur Trockene erhitzt und hernach mit Wasser kurz aufgekocht. Darauf kühlt man ab und versetzt mit wenigen Tropfen von *p-Dimethylamino-benzylidenrhodanin* in essigsaurer oder alkoholischer Lösung. Es tritt bei Anwesenheit von Ag sofortiger Farbumschlag in Rot auf (besonders deutlich nach Ausschütteln mit Äther). Nach diesem einfachen Verfahren kommen die Spuren von Silber, z. B. im Bleiglanz, *nicht* zum Vorschein, jedoch sind alle Silberminerale auf diesem Wege einfach und sicher bestimmbar. Der Reduktion zum Silberkorn kommt daher keine praktische Bedeutung mehr zu. Nur bei Fehlen des *Feigl*schen Reagenz kann man mit der drei- bis vierfachen Soda auf der Kohle das Silber zu einem kleinen duktilen Korn reduzieren, das sich in Salpetersäure löst und bei Zusatz von Salzsäure einen weißen Niederschlag von AgCl gibt.

Beispiele: Pyrargyrit, Silberglanz.

Silicium. Die in den Bestimmungsbüchern angegebene Methode, die Kieselsäure mit dem sog. „Kieselsäureskelett" in der Phosphorsalzperle nachzuweisen, ist vor allem in der Hand des Ungeübten durchaus unbrauchbar; eine sichere Bestimmung geht nur mit der Methode von *Feigl*. Voraussetzung ist die Anwesenheit der Kieselsäure in löslicher Form, was bei Silikaten durch Aufschließen in Soda oder besser in einem Gemisch von Soda und Kaliumcarbonat auf dem Platindraht geschieht. Diese geringen Mengen genügen, da die Reaktion sehr empfindlich ist, vollkommen für unsere Zwecke. Die Schmelze wird in verdünnter HNO_3 in der Eprouvette gelöst und mit einigen Tropfen einer salpetersauren Ammoniummolybdatlösung versetzt und bis zum Sieden und kurzen Kochen erhitzt. Nach dem Abkühlen bringt man 1 bis 2 Tropfen einer 25%igen Lösung von Benzidin in 10%iger Essigsäure dazu. Hierauf wird eine gesättigte Natriumazetatlösung (ungefähr gleiches Volumen) zugesetzt, wodurch ein blauer Niederschlag oder eine Blaufärbung der Lösung entsteht.

Beispiele: Feldspat, Augit, Olivin.

Stickstoff. Zur Prüfung, ob ein Nitrat vorliegt, wird die Substanz grob gepulvert auf der Kohle angeblasen, worauf ein Verpuffen eintritt.

Der N-Gehalt anderer Minerale in Form von Ammonium wird durch Erhitzen mit Soda im Kölbchen nachgewiesen. Die entweichenden Dämpfe riechen stark nach Ammoniak.

Beispiele: Kalisalpeter, Ammoniakalaun.

Strontium gibt eine rote (purpurrote) Flammenfärbung, die man auf die gleiche Weise wie beim Calcium erhält (vgl. dort). Der Unterschied gegen die gelbrote Calcium-Flammenfärbung ist mitunter schwierig zu erkennen, weshalb man Standardpräparate von $CaCO_3$ und $SrCO_3$ vergleicht.

Beispiele: Strontianit, Cölestin.

Tellur schmilzt im Kölbchen leicht und verbrennt mit bläulichgrüner Flamme. Tellurverbindungen mit konz. H_2SO_4 erhitzt, färben diese hyazinthrot.

Beispiele: Altait, Petzit.

Titan. Nur die Phosphorsalz-Reduktionsperle wird nach *sorgfältigem* Reduzieren amethystviolett, ähnlich wie bei Mangan, gewöhnlich aber mit einem bläulichen oder bräunlichen Ton. Insbesonders ist bei Verwendung von Magnesiastäbchen zu berücksichtigen, daß die Perle stark bläulich wird, das Violett kaum je richtig zum Vorschein kommt. Außerdem stört die Anwesenheit von viel Eisen stark und färbt die Perle bräunlichrot bis blutrot. Eine Prüfung besteht darin, daß man eine Titanschmelze in Soda (auf dem Platindraht oder Magnesiastäbchen durchführbar) in HCl löst; diese Lösung mit einem Zinkkorn versetzt und erhitzt, färbt sich schwach violett.

Beispiele: Pyrolusit, Rutil, Ilmenit (bei letzterem schwierig).

Uran. Die Borax- und Phosphorsalz-Oxydationsperle ist gelblich, die Phosphorsalz-Reduktionsperle bei stärkerer Sättigung grün. Sicherer ist es, die Borax-Oxydationsperle im Ultraviolett-Licht auf ihre gelbgrüne Fluoreszenz zu prüfen, wenn man dazu die Möglichkeit hat.

Beispiele: Kalkuranglimmer, Uranpecherz.

Vanadium gibt eine in der Hitze bräunliche, in der Kälte chromgrüne Borax-Reduktionsperle. Die Perle wird jedoch durch andere Elemente leicht gestört.

Beispiel: Vanadinit.

Wasser. Man erhitzt grobgepulvertes Material im Kölbchen zunächst schwach, dann langsam steigernd, bis an kühleren Stellen des Kölbchenhalses ein deutlicher Wasserbeschlag zu erkennen ist. Dieser ist oft reichlich und leicht zu erzielen wie bei Gips oder Zeolithen, in anderen Fällen bildet sich nur wenig Wasser, das schwer abgegeben wird wie bei Talk.

Beispiele: Gips, Desmin, Talk.

Wismut gibt wie Blei auf der Kohle beim oxydierenden Blasen in der Nähe der Probe einen gelben Beschlag. Zur Unterscheidung von Blei versetzt man die Probe mit einer schwachen Messerspitze voll von Kalium- (oder Natrium-)jodid, vermischt mit etwas Schwefelblumen und bläst einen neuen Beschlag, der bei Anwesenheit von Wismut orangerot wird.

Beispiele: Ged. Wismut (künstlich), Wismutglanz.

Wolfram erkennt man *nur* in der Phosphorsalz-Reduktionsperle, die in der Hitze schmutziggrün, in der Kälte (schmutzig)blau wird. Bei Zusatz von Eisenoxyd wird die Perle blutrot, bei Erhitzen derselben nach Zusatz von Zinnchlorür kehren die reinen Wolframfarben wieder. Starker Eisengehalt des zu untersuchenden Minerals stört somit in gleicher Weise. Zur weiteren Kontrolle kann noch folgende Prüfung vorgenommen werden: Man schmilzt auf dem Platindraht oder dem Magnesiastäbchen eine kleine Menge des pulverisierten Minerals auf und löst dann in HCl. Die Säure wird ultramarinblau gefärbt. Ebenso wird konz. H_2SO_4 durch Lösung von Wolframmineralen gefärbt. Störende Elemente wie Eisen spielen dabei keine Rolle. Im allgemeinen genügt für unsere Zwecke die Perle.

Beispiele: Wolframit, Scheelit.

Zink wird bestimmt, indem man den in der Hitze gelben, in der Kälte weißen Beschlag mit Kobaltlösung befeuchtet und eine Grünfärbung (Rinnmannsgrün) hervorruft, die nach dem Erkalten eintritt oder man schmilzt mit der drei- bis vierfachen Menge Soda zuerst auf und behandelt diese Schmelze auf gleiche Weise. Der Versuch ist mehrmals zu wiederholen und die Beobachtung der grünen Flecken womöglich bei gutem Tageslicht vorzunehmen, da ein stärkerer Eisengehalt die Schmelze gelb verfärbt und das Grün verdeckt. In diesem Falle ist das Grün nur ein schlecht zu sehendes schmutziges Gelbgrün.

Beispiele: Zinkspat, Zinkblende.

Zinn. Das feingepulverte Material wird in einer Porzellanreibschale mit verdünnter Schwefelsäure übergossen und ein bis zwei Zinkkörner werden als Katalysator zugesetzt. Man rührt mit einem Glasstab kurze Zeit um. Dann rührt man mit einer mit kaltem Wasser gefüllten Eprouvette, um sie zu benetzen, und hält diese dann in die nichtleuchtende Bunsenflamme. Zur besseren Beobachtung ist ein Abdunkeln der Umgebung vorteilhaft. Nach kurzer Erwärmung tritt ein azurblauer Saum entlang des Glases auf, der von einer flüchtigen Zinnverbindung herrührt. Der Versuch muß mehrmals wiederholt werden, da die Erscheinung nicht immer gleich zum Vorschein kommt. Wird dabei das Wasser in der Eprouvette zu warm, muß es erneuert werden.

Das Reduzieren von metallischen Zinnflittern mit Soda oder besser Cyankalium auf der Kohle ist wegen der häufigen Mißerfolge abzulehnen.

Beispiel: Zinnstein.

Zwei Reaktionen zur Unterscheidung von Calcit und Aragonit.

Das Calciumcarbonat ($CaCO_3$) kristallisiert bekanntlich in einer trigonalen Form als Calcit und in einer rhombischen als Aragonit. Wenn die Unterscheidung nach der Kristallform und der sehr vollkommenen Spaltbarkeit nach dem Rhomboeder bei Calcit nicht eindeutig ist, so kann durch einfach durchzuführende Reaktionen die Trennung erfolgen. Im allgemeinen kommt hier die sog. *Meigen*sche Reaktion zur Anwendung, die darin besteht, grobgepulvertes Material (eine Messerspitze voll, bei Materialmangel genügen einige Splitter) zwei bis fünf Minuten in 5—10%iger Kobaltnitratlösung in einer Eprouvette zu kochen (Erwärmen allein genügt nicht); dabei färbt sich der Aragonit violett an, der Calcit bleibt unverändert oder er wird grünlich oder bläulich angefärbt, jedenfalls niemals violett. Am besten sieht man die Farbe nach dem Abgießen der überflüssigen Lösung an der an der Glaswand anhaftenden Substanz. Bei sehr feiner Verwachsung beider Modifikationen oder im Dünnschliff ist diese

Methode schwieriger durchzuführen, hier gibt die Reaktion nach *F. Feigl* und *H. Leitmeier*[1] ausgezeichnete Auskunft. Die Herstellung der nötigen Reagenzlösung geschieht folgendermaßen[1]: „In eine Mangansulfatlösung von 11·8 g $MnSO_4 . 7 H_2O$ in 100 cm^3 Wasser wird festes Ag_2SO_4 eingetragen, aufgekocht, erkalten lassen und vom Ungelösten filtriert; hierauf werden ein bis zwei Tropfen einer verdünnten NaOH-Lösung zugesetzt und der gebildete Niederschlag nach ein bis zwei Stunden abfiltriert.“ Die Lösung läßt sich in braunen Flaschen aufbewahren. Zur Prüfung übergießt man etwas Pulver in dem Reagenzglas oder auf der Tüpfelplatte mit einigen Tropfen der Reagenzlösung, wobei sich der Aragonit rasch grau anfärbt und nach wenigen Minuten schwarz wird, während der Calcit erst nach zehn Minuten langer Einwirkung leicht grau wird. Wenige Splitter genügen bereits zu dieser Reaktion. Auch andere Carbonate wie Witherit, Strontianit und Cerussit verhalten sich ähnlich dem Aragonit. Die Reaktion darf somit erst angewendet werden, wenn das Calciumcarbonat als solches bereits bestimmt ist. Ein großer Vorteil dieser Methode besteht in ihrer Anwendung bei feiner Verwachsung beider Modifikationen im Anschliff oder im Dünnschliff; auch hier wird bei gewöhnlicher Temperatur durch die Einwirkung der Lösung auf den Schliff bei Aragonit eine Schwarzfärbung hervorgerufen, nur muß die Lösung längere Zeit einwirken. Die Schwarzfärbung erfolgt bei Aragonit erst nach etwa 30 Minuten bis längstens einer Stunde, während Calcit auch nach drei Stunden nur geringe Andeutung von Graufärbung erkennen läßt.

C. Die Schmelzbarkeit.

Von gewissem, wenn auch beschränkterem Bestimmungswert ist die Beobachtung über den Grad der Schmelzbarkeit des zu untersuchenden Minerals. Manche Minerale schmelzen schon an der Flamme sehr leicht zu einer Kugel, andere erst in der Lötrohrflamme, wieder andere schmelzen nur an den Kanten oder sind überhaupt auch vor dem Lötrohr unschmelzbar. Diesbezügliche Angaben, soweit sie zur Bestimmung mit herangezogen werden können, sind in der Spalte „Chemisches Verhalten" beigefügt. Der Versuch wird mit grobem Pulver auf der Kohle vorgenommen oder man hält einen Splitter des Minerals mit der Pinzette in die heiße Flamme oder Lötrohrflamme.

D. Einfache optische Untersuchungen.

Für den geübten Mikroskopiker ist es oft sehr bequem, bei der Bestimmung eines Minerals einfache optische Beobachtungen mit heranzuziehen. So wie die kristallographische Formenlehre, so muß hier auch die Kenntnis der optischen Methoden, die uns das Polarisationsmikroskop gestattet, vorausgesetzt werden. Es sei hier bemerkt, daß die Spalte „Optisches Verhalten" der Tabellen nicht unbedingt zur Bestimmung notwendig ist, in den meisten Fällen reichen die übrigen Bestimmungsmerk-

---

[1] *H. Leitmeier* und *F. Feigl:* Eine einfache Reaktion zur Unterscheidung von Calcit und Aragonit. Min. petr. Mitt. *45,* 447—456, 1934.

male aus. Nur in einem Übungspraktikum, wo die nötigen Instrumente und Hilfsmittel zur Verfügung stehen, mögen derartige Beobachtungen benutzt werden. Der Sammler, der seine Minerale bestimmen will, kann sich die hohen Kosten und die nötige Erfahrung ersparen. Daher werden auch nur einige Hinweise gebracht.

Zunächst ist die Bestimmung der *Lichtbrechung* von großer Bedeutung, besonders dann, wenn nur wenig Material zur Untersuchung zur Verfügung steht. Es erfordert nicht allzuviel Mühe, festzulegen, ob die Brechzahl eines Minerals unter oder über 1·55 liegt. Dadurch ist oft schon in Zweifelsfällen eine Entscheidung getroffen. Es erweist sich als praktisch, sich durch Mischen untenstehender Flüssigkeiten in kleinen Fläschchen Vergleichsflüssigkeiten von der Brechzahl $n = 1·50$, 1·55, 1·60, 1·65 und 1·70 herzustellen und für die Untersuchungen bereitzuhalten.

Mischbar mit Wasser:		Mischbar mit Benzol:	
Wasser	$n = 1·333$	Äther	$n = 1·357$
Alkohol	$n = 1·362$	Alkohol	$n = 1·362$
Glyzerin	$n = 1·473$	Benzol	$n = 1·502$
K-Hg-Jodid	$n = 1·717$	Nelkenöl	$n = 1·537$
		α-Monobromnaphtalin	$n = 1·660$
		Jodmethylen	$n = 1·740$

Man kann dann leicht einen dünnen Splitter auf einem Objektträger in einem Tropfen einer dieser Flüssigkeiten einbetten und unter dem Mikroskop aus dem Wandern der *Becke*schen Lichtlinie feststellen, ob das Mineral eine größere oder kleinere Brechzahl als die Vergleichsflüssigkeit besitzt. So wird z. B. die mittlere Brechzahl von Zeolithen um 1·50 liegen, z. T. etwas darunter, z. T. etwas darüber, jedenfalls aber nicht über 1·55. Eine solche Orientierung ist oft schon ausreichend, um auf den richtigen Weg bei der Bestimmung zu führen. Selbstverständlich wird mitunter eine genaue Bestimmung der Brechzahl vonnöten sein, wozu eine Flüssigkeit, deren Brechzahl höher liegt als die des Minerals, durch Verdünnen mit Benzol oder Wasser gleich jener des Minerals gemacht wird, was man wieder daran erkennt, daß keine deutliche Lichtlinie auftritt, die Umrisse des Minerals verschwinden und beim Heben und Senken des Tubus irisierende Farbstreifen sichtbar werden. Man benötigt dann ein Refraktometer, das die Brechzahl der Mischflüssigkeit zu bestimmen gestattet.

Häufiger sind *orthoskopische* und *konoskopische* Beobachtungen an leicht herzustellenden Spaltpräparaten oder tafeligen oder nadeligen Kristallen von Bestimmungswert.

Betrachten wir zuerst einige orthoskopische Erscheinungen: kubisch kristallisierende und amorphe Mineralien bleiben unter gekreuzten Nicolen bei jeder Stellung des Mikroskoptisches dunkel, sie sind *isotrop*. Dadurch zeigt sich das kubische System (oder die amorphe Beschaffenheit) eben an. Eine Nadel von Apatit, Natrolith oder Skolezit erscheint dagegen auf diese Weise im allgemeinen hell und Interferenzfarben treten auf. Dunkelstellung wird nur viermal bei einer vollen Umdrehung des Mikroskoptisches erreicht; das sind *anisotrope* Minerale. Die Minerale der nicht kubischen Kristallsysteme haben diese Eigenschaft. Nur im hexagonalen, tetragonalen und trigonalen System sind die Basisschnitte gleichfalls isotrop und können auf diesem Wege von kubischen Mineralen nicht unterschieden werden (siehe weiter unten). Ferner kann man an obigen Beispielen noch folgendes festlegen: Dreht man den Mikroskoptisch so, daß die Längsrichtung der Nadeln mit dem Vertikalfaden im Okular parallel liegt und schaltet den oberen Nicol ein, so herrscht Dunkelstellung, eine optische Hauptrichtung liegt also mit der Längsrichtung der Nadeln genau parallel. (Merke: Die Dunkelstellung besagt, daß im Mineral die Schwingungsrichtungen mit denen der beiden Nicole, gekennzeichnet durch die beiden Fäden im Okular, übereinstimmen)! Das ist beim Apatit und beim Natrolith der Fall. Man spricht dann von einer „*geraden Auslöschung*", die man beim hexagonalen, tetragonalen und trigonalen Kristallsystem sowie auch beim rhombischen System in den wichtigsten Zonen vorfindet und was auf eine gewisse höhere Symmetrie hinweist. Dagegen ist die Auslöschung beim Skolezit schief zur Längsrichtung der Nadel, man spricht von einer „*schiefen Auslöschung*", und man kann den Winkel der Lage der Dunkelstellung mit der Nadelachse mit dem Mikroskoptisch messen, er ist ungefähr 17°. Der Skolezit kristallisiert monoklin. Alle Schnitte mit Ausnahme der Schnitte der sogenannten Medianzone löschen im monoklinen System im allgemeinen schief aus. Durch diese Art der Auslöschung ist u. a. der Skolezit vom ähnlich aussehenden Natrolith unterscheidbar. Man kann aber noch eine weitere optische Beobachtung aufzeigen, die ein charakteristisches Merkmal abgibt. Stellt man eine Nadel von Apatit diagonal zu den Nicolen und schaltet ein Gipsblättchen, das für sich die Interferenzfarbe Rot I. Ordnung zeigt, ein, so wird die Interferenzfarbe des Apatites um eine ganze Ordnung steigen, sie wird z. B. Grün II. Ordnung ergeben. Da in der Längsrichtung der Fassung des Gipsblättchens der raschere Strahl α schwingt, so muß auch im Apatit in der Längsrichtung α schwingen, so daß sich die Wegdifferenzen der beiden Strahlen im Mineral und im Gipsblättchen addieren und dadurch zu einer höheren Interferenzfarbe führen *(Additionsstellung)*. Beim Natrolith ist das umgekehrte der Fall, die Interferenzfarben im Mineral fallen *(Subtraktionsstellung)*, es schwingt somit der langsamere Strahl γ in der Richtung der Nadelachse. Beim Skolezit entspricht die Schwingungsrichtung, die 17° zur Längsachse schief ist, wieder der Schwingungsrichtung α, was neben der schiefen Auslösung einen weiteren Unterschied gegen den Natrolith ergibt.

Schließlich kann noch eine weitere Beobachtung mit obigen verknüpft werden, falls es sich um ein gefärbtes Mineral handelt. Bei verschiedener Stellung des Mikroskoptisches kann dann manchmal die Farbe verschieden sein, d. h. die Absorption ist in verschiedener kristallographischer Richtung wechselnd. Das Vorhandensein einer solchen Eigenschaft, die man „*Pleochroismus*" nennt, ist ein sehr spezifisches Merkmal und kann zur Bestimmung einen sehr wertvollen Beitrag stellen.

Solche ganz einfache Feststellungen sind in den Bestimmungstabellen dort angeführt, wo sich das zu untersuchende Mineral dazu leicht eignet.

Für manche Mineralgruppen, vor allem bei den Feldspaten, Hornblenden und Augiten bieten solche optische Messungen von Auslöschungswinkeln überhaupt die einzige Möglichkeit zur genaueren Bestimmung, weil hier äußere Merkmale und chemische Reaktionen z. T. versagen.

Öfter noch als vorige Beobachtungen sind *konoskopische* von großem Vorteil, wozu man u. a. Spaltpräparate gut verwenden kann. Durchleuchtet man z. B. dünne Tafeln von Calcit mit konvergentem Licht durch Einschalten des Kondensors und betrachtet jetzt unter gekreuzten Nicols konoskopisch, so zeigt sich ein schwarzes Kreuz und farbige Ringe (abhängig von der Dicke des Präparates und anderem). Beim Drehen des Mikroskoptisches öffnet sich dieses Kreuz nicht. Man hat ein sog. *optisch einachsiges* Mineral vor sich, das dem hexagonalen, tetragonalen oder trigonalen Kristallsystem angehören kann. Zur Durchführung dieser Beobachtung sei bemerkt, daß man das mineralogische Mikroskop zum Konoskop umbaut, indem man das Okular entfernt oder die Bertrand-Linse einschaltet, ein starkes Objektiv (6 oder 7) verwendet und die Nicole kreuzt.

Prüft man auf gleiche Weise ein Spaltblättchen von Muskovit, so ist die Erscheinung bei einer bestimmten Tischstellung so, daß das Kreuz anders aussieht, es besteht aus einem verwaschenen Mittelbalken und einem Achsenbalken, und beim Drehen des Tisches öffnet sich dieses Kreuz. Nach einer Drehung um 45° stehen sich zwei dunkle Hyperbeln gegenüber. Das ist ein *optisch zweiachsiges Mineral* und kann dem rhombischen, monoklinen oder triklinen Kristallsystem angehören. Das gibt ein vorzügliches Bestimmungsmerkmal und ist außerdem in kürzerer Zeit durchgeführt als eine chemische Reaktion. Aus der Entfernung der beiden optischen Achsen (Scheitelpunkte der Hyperbeln in der Diagonalstellung) kann auch die Größe des Achsenwinkels einigermaßen geschätzt werden. Liegen die Achsen schon am Rande des Gesichtsfeldes, so ist der Achsenwinkel 2V annähernd 60°, in manchen Fällen wie beim Talk wird er sehr klein, das Bild ähnelt dann jenem eines einachsigen Minerales.

Oft wird das Spaltblättchen die optische Achse oder die Halbierende des Achsenwinkels = I. Mittellinie mehr oder weniger schief austreten lassen. Dann sehen die Bilder geändert aus. Ist die Neigung nicht sehr groß, so kann auch der Ungeübtere solche Bilder erkennen und den optisch einachsigen oder zweiachsigen, negativen oder positiven Charakter (s. unten) festlegen. Bei stärkerer Neigung wird sich nur der Erfahrene zurechtfinden können.

Des weiteren kann noch die Bestimmung, ob ein optisch *positives* oder *negatives* Mineral vorliegt, gemacht werden. Bei den einachsigen Mineralen geht man so vor: Man schiebt das Gipsblättchen in der 45°-Stellung ein und beobachtet in den Quadranten dieser Stellung (am besten innerhalb des ersten Ringes, wenn ein solcher vorhanden ist), ob die Interferenzfarben steigen oder fallen. Im ersten Falle liegt ein optisch negatives, im zweiten ein optisch positives Mineral vor. Bei den zweiachsigen Mineralen dreht man am besten den Tisch so, daß die Hyperbeln diagonal gegenüber zu liegen kommen, schaltet das Gipsblättchen ein und beobachtet jetzt das Steigen oder Fallen *innerhalb* der Hyperbeln, was am besten nahe der

Achse zu sehen ist. Man spricht im ersten Falle von einem optisch positiven, im zweiten Fall von einem optisch negativen zweiachsigen Mineral.

Wie bedeutungsvoll solche optische Feststellungen sind, geht beim praktischen Arbeiten bald hervor. In der betreffenden Spalte sind daher solche Angaben dort angeführt, wo sie leicht zu überprüfen sind. Sie sollen eine Erweiterung des Bestimmungsvorganges darstellen und zur leichteren Identifizierung in gewissen Fällen dienen. Zur genaueren Bestimmung innerhalb der Feldspatgruppe z. B. sind Auslöschungsbestimmungen unerläßlich. Wer sich etwas einarbeiten will, dem sei hier das Büchlein von *F. Raaz* und *H. Tertsch:* Geometrische Kristallographie und Kristalloptik, J. Springer, Wien 1939, empfohlen.

E. Schlußbemerkungen.

Die Beherzigung der gebrachten Bemerkungen und die Kenntnis der chemischen Reaktionen sowie ein geübter Blick für „äußere Merkmale" sind selbstverständliche Voraussetzungen für das richtige Bestimmen. Es ist aber noch etwas dazu erforderlich, was vielleicht paradox klingen mag, nämlich eine gewisse Mineralkenntnis. Darin ist aber ein Korn Wahrheit insofern, als in der großen Reihe farbloser und weißer Minerale von mittlerer und größerer Härte die Trennung wirklich oft schwierig ist, zumal bei den Silikaten chemische Methoden oft nicht ausreichen. Wer so völlig fremd der Materie gegenübersteht — für Studierende sollte das nicht gelten, da sie erst nach dem Hören der allgemeinen und systematischen Mineralogie das Praktikum besuchen sollen — wird sich trotz der Anleitung schwer tun. So wie einige Kenntnisse der Kristallographie und der Kristalloptik verlangt werden, so soll auch eine bescheidene Kenntnis einiger weniger Mineralgruppen Voraussetzung sein, um wenigstens einigermaßen ein Urteil zu haben, wohin das zu untersuchende Mineral gehören könnte. Wer die Möglichkeit hat, sich an Hand einer Sammlung und eines Lehrbuches über die Gruppe der Quarze, der Feldspate, Pyroxene, Amphibole und Zeolithe in groben Umrissen zu orientieren sowie die Gruppe der Glimmer und Chlorite ein wenig kennenzulernen, der wird sich viel leichter tun. Gerade die häufigsten und gewöhnlichsten Mineralien werden von völlig Ungeschulten erfahrungsgemäß am unsichersten bestimmt, wovon sich jeder Lehrer sofort überzeugen kann, wenn er z. B. einen Feldspatkristall (oder gar Bruchstück) zum Bestimmen gibt. Deshalb mag auch dieser letzte Hinweis nicht überflüssig erscheinen.

Die Tabellen zur Bestimmung.

Vorbemerkungen.

Bevor man an die Bestimmung herangeht, betrachte man sorgfältig die vorliegende Mineralprobe und stelle alle Eigenschaften fest, die sich mit freiem Auge, gegebenfalls mit der Lupe erkennen lassen. Dann überzeuge man sich in erster Linie von der Art des Glanzes und des Striches, um die Entscheidung treffen zu können, ob man in die Hauptgruppe I oder II und III einzugehen hat. Liegt mit Sicherheit Metallglanz vor, so ist durch die Farbe des Minerals (*nicht* Strichfarbe!) auch die Unterabteilung von I gegeben.

Bei Nichtmetallglanz prüfe man die Strichfarbe, wodurch die Trennung der Gruppen II und III erfolgt; durch die Strichfarbe (*nicht* Mineralfarbe) ist bei II gleichzeitig die Untergruppe festgestellt. In Zweifelsfällen, ob Metallglanz oder Halbmetallglanz vorliegt, findet man das Mineral in beiden Hauptgruppen I und II, bei Unsicherheiten in der Bestimmung der Strichfarbe (z. B. bei Übergängen Gelb-Braun-Rot) ist das Mineral in den verschiedenen Untergruppen zu finden, so daß Fehler vermieden werden.

In zweiter Linie prüfe man tunlichst genau die Härte; man wird unschwer feststellen können, ob diese über oder unter 5 liegt, wodurch bereits größere Reihen in den Gruppen wegfallen. Je genauer die Härtebestimmung, desto enger wird der Untersuchungsbereich.

Bei den Hauptgruppen I und II kann dann direkt die Bestimmung nach dem angegebenen Gang begonnen werden.

Ist man in der Hauptgruppe III, so ist folgender Voruntersuchungsgang zeitsparend: Man prüfe die Löslichkeit in Wasser (kalt und heiß) sowie das Verhalten gegen Salzsäure (ebenfalls kalt und heiß). Bei Wasserlöslichkeit kommt nur die Untergruppe 1 in Frage, bei deutlichem Aufbrausen in HCl die Untergruppe 3, falls nicht Wasserlöslichkeit vorlag. Im übrigen merke man sich, ob sich die Probe in HCl mit oder ohne Gallertbildung gelöst hat. Wenn Material gespart werden muß, kann bei Nichtlöslichkeit die Substanz weiter verwendet werden.

Weiter prüfe man die Härte möglichst genau; bei einer solchen zwischen 5 und 6½ fallen folgende Untergruppen weg: 1, 2, 3, 4, 6, 7, 8 und 13, bei einer Härte über 6½ ist in die Gruppe B einzugehen.

Schließlich beobachte man, ob ein deutlich blättrig-schuppiges Mineral von hexagonalem Aussehen vorliegt; dann kommt die Untergruppe 6 in III. A. in Betracht.

Nach diesen Voruntersuchungen geht man den vorgeschriebenen Bestimmungsgang der Reihe nach ohne weitere Vorprüfungen, die eher verwirrend als klärend wirken und die Bestimmung nur verzögern.

Von den *Feigl-Leitmeier*schen Reaktionen finden nur zwei, die auf Magnesium und auf Phosphor, als Leitelemente Verwendung. Wer sich die nötigen Reagenzien nicht beschaffen kann, der muß trachten, auf Grund anderer chemischer und äußerer Merkmale weiter zu kommen.

Der Bestimmungsgang in den Untergruppen beruht auf vorerst durchzuführenden chemischen Reaktionen. Wer auch zu diesen einfachen Versuchen nicht die Möglichkeit hat, kann auch auf Grund äußerer Kennzeichen allein fortkommen.

Vorgang: Festlegung der Hauptgruppen I—III. Innerhalb der Gruppen kann dann mittels der möglichst genau festgelegten Härte und weiteren Merkmalen bestimmt werden. Als Beispiel soll *Magnetit* in einem körnigen Aggregat herangezogen werden: Metallglanz, Farbe schwarz, somit Hauptgruppe I, Unterabteilung B; Härte ist 5—6, Strich schwarz, Kristallform sei unbestimmbar. In Unterabteilung 1 kommen nur Pyrolusit und Polianit in Frage, die nach anderen Merkmalen wegfallen so wie Unterabteilung 2 wegen der Farbe, 3 und 4 wegen der Härte und Farbe, somit bleibt nur die Untergruppe 5 b. Hier kommen zur Unterscheidung: Wolframit, Chromit, Magnetit, Ilmenit, Arkansit, Nigrin, Franklinit und gegebenenfalls Eisenglanz. Durch den anderen Strich scheiden Chromit, Nigrin, Franklinit und Eisenglanz sicher aus. Arkansit bildet keine körnigen Aggregate, Wolframit und Ilmenit haben mehr braune Farbe und Strich, somit ist der Magnetit festgelegt.

Der gleiche einfache Gang führt bei der Hauptgruppe II zum Ziel. Beispiel: *Atakamit*, strahliges Aggregat, Härte 3—4, Farbe dunkelgrasgrün, Strich smaragdgrün. Daraus folgt Untergruppe D. In Unterabteilung 1 fällt der Libethenit wegen der Form der Aggregate u. a. weg, in 2 Euchroit desgleichen, in 3 Garnierit und Genthit wegen ihrer kryptokristallinen Beschaffenheit, damit folgt schon der Atakamit. Die weiter folgenden Minerale Dioptas und Cronstedtit sind gleichfalls sicher auszuscheiden.

Der Bestimmungsgang geht in I und II somit klaglos und gleich gut und rasch wie in den bisherigen einschlägigen Bestimmungsbüchern.

Ebenso ist in Hauptgruppe III die Bestimmung durchzuführen. Statt der großen Liste von Mineralen, die sich nach der Reihung auf Grund der Härte ergibt, sind hier bis Härte 6 vierzehn Unterabteilungen, von denen ein Teil durch Bestimmung der Härte sofort ausscheidet.

Bei weichen Mineralen, die einen Geschmack erkennen lassen, ist Untergruppe 1 maßgebend. Bei deutlich schuppig-blättrigen, pseudohexagonalen Kristallen oder Aggregaten die Untergruppe 6. Bei einer Härte von 1—5 fallen die Unterabteilungen 10, 11, 12 und die Gruppe B weg. Bei einer Härte von 5—6½ entfallen die Unterabteilungen 1, 2, 3, 4, 6 und 13. Bei einer Härte über 6½ muß in die Gruppe III B eingegangen werden.

Bei der Vermutung, daß ein Mineral der Zeolith-Feldspat-Hornblendeoder Augitgruppe vorliegt, geht man in die entsprechenden Untergruppen 9—12 ein.

Als Beispiele seien zwei Minerale, *Baryt* und *Flußspat* hervorgehoben. Baryt: Härte 3—4, deutlich rhombische Kristalle mit guten Spaltrissen, blaßgelblicher Farbe. Unterabteilung 1 fällt wegen der Härte und Nichtlöslichkeit in Wasser (geschmacklos) weg. In 2 kommt Cerussit in Betracht; er unterscheidet sich durch die Art des Glanzes und den Mangel an Spaltrissen. In 3 wären Aragonit und Strontianit verdächtig. Glanz, Fehlen der guten Spaltbarkeit scheiden sie aus. Somit folgt schon der Baryt und Coelestin, die nach äußeren Kennzeichen bekanntlich kaum unterscheidbar sind. Nach der Härte bleiben noch die Untergruppen 8 und 14 zur Untersuchung. Davon fällt 8 sofort weg und in 14 kommt kein ähnliches Mineral in Betracht.

Als zweites Beispiel Flußspat: Es läge ein kristallines Aggregat vor. farblos, das Kristallsystem sei für den Nichtgeübten aus der Spaltbarkeit nicht zu erkennen. Hier liegt der Fall scheinbar sehr ungünstig, da sich der Flußspat erst in der 13. Unterabteilung der Hauptgruppe III vorfindet.

Die Härte wurde mit 3 bis 4 bestimmt. Es fallen dadurch folgende Gruppen weg: III A 1, ferner 6, 10, 11, 12 und III B. In 2 findet sich kein ähnliches Mineral, in 3 sind die rhombischen Karbonate verdächtig; hier unterscheidet die Spaltbarkeit ebenso wie in 4 die Unterschiede gegenüber Baryt und Coelestin auffallend. In Untergruppe 5 gibt es keine solche Spaltbarkeit, in 7 ist der Colemannit unterscheidbar. In 8 gibt es kein ähnliches Mineral, in 9 ist die Spaltbarkeit von Analcim eine andere. Somit landen wir in kurzer Zeit in Gruppe 13, wo allein schon nach der Härte der Flußspat festgelegt ist.

Mit ganz primitiven Hilfsmitteln kann der Untersuchungsvorgang noch erleichtert werden; es genügen dazu Wasser, Salzsäure, Kerzenflamme und einige Eprouvetten. Dadurch ergibt sich, ob Untergruppe 1 oder 3 in III (Karbonate) oder 8 in III sicher vorliegt und man kann zugleich die Nichtlöslichkeit in Salzsäure oder die Bildung einer Kieselgallerte zu weiteren Bestimmungen benützen. Es hat keinen rechten Sinn, *ohne diese primitivsten Hilfsmittel* an die Bestimmung heranzugehen.

Zur leichteren Feststellung, ob man ein Mineral der Feldspatgruppe oder der Hornblende- und Augitgruppe in den Bestimmungstabellen (siehe S. 112 bis 120) vor sich hat, seien hier nur einige Abbildungen von einfachen Kristallen und Zwillingen gebracht sowie Bilder zur Charakterisierung der Spaltbarkeit und der Auslöschungswinkel in diesen Gruppen[1]:

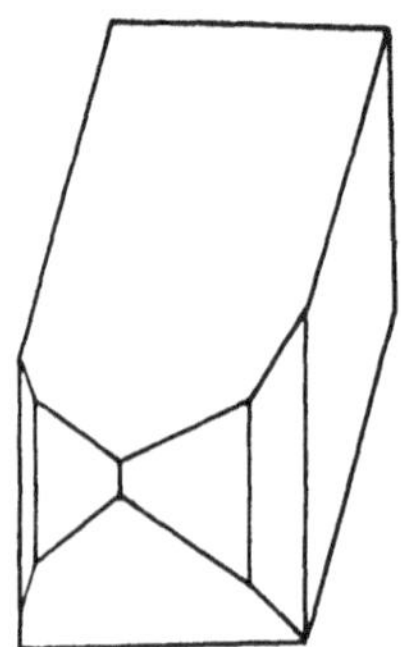

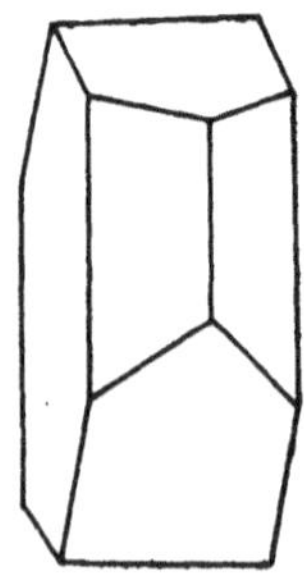

Abb. 5 Kalifeldspat, gestreckt nach der x-Achse.   Abb. 6. Kalifeldspat, dicktafelig nach (010).

---

[1] Abb. 7—9 aus *Raaz:* Trachtstudien am Orthoklas, Min. petr. Mitt. 36, 1925; Abb. 10—12 aus *Raaz-Tertsch:* Geometrische Kristallographie und Kristalloptik, Wien: Julius Springer, 1939; Abb. 16, 18, 20, 21 und 22 aus *Stiny:* Technische Gesteinskunde, Wien: J. Springer, 1929; Abb. 13, 14, 19 und 23 aus *Eskola:* Kristalle und Gesteine, Wien: Springer-Verlag, 1946.

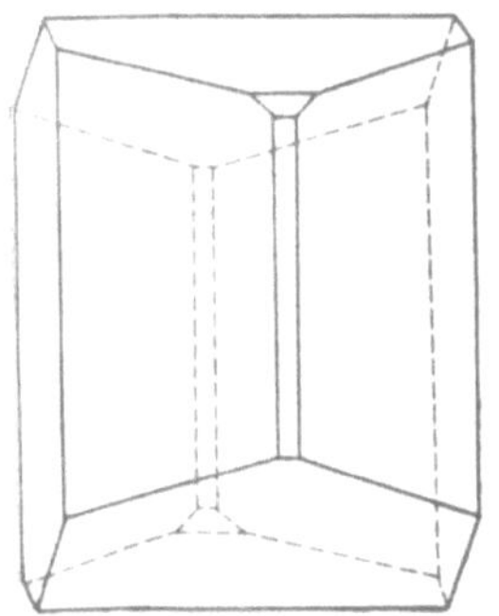

Abb. 7. Kalifeldspat aus Pegmatit.

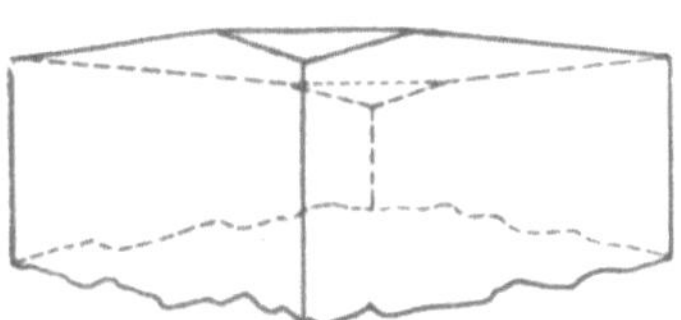

Abb. 9. Adular, rhomboederähnlicher Typus.

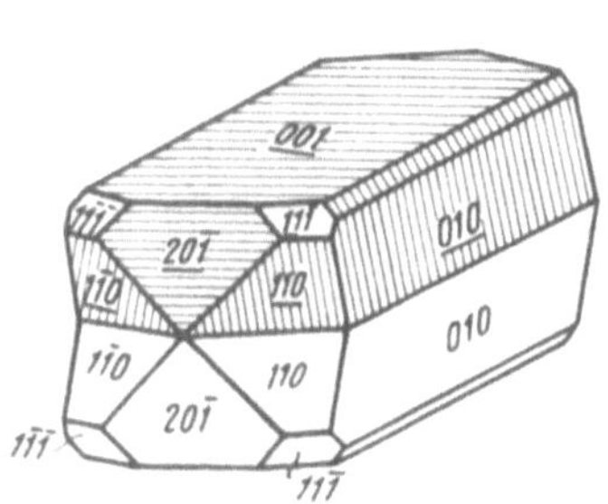

Abb. 11. Kalifeldspat, Manebacher Zwilling.

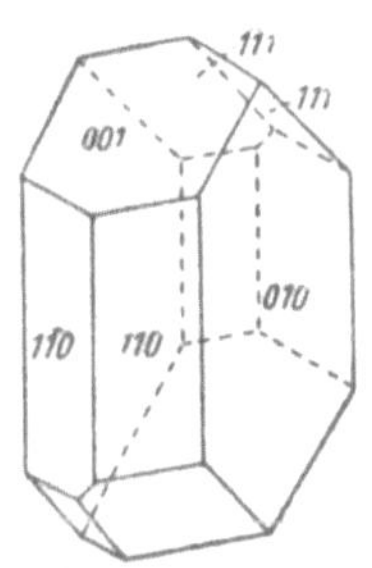

Abb. 13. Trikliner Plagioklas.

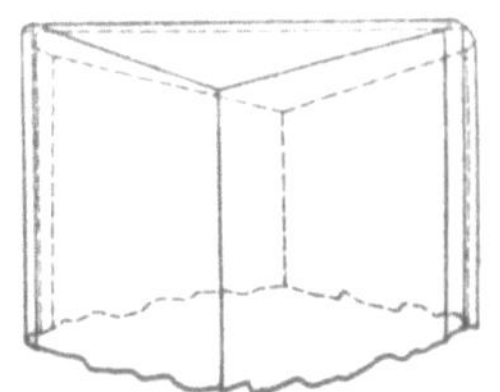

Abb. 8. Adular mit schmaler (010).

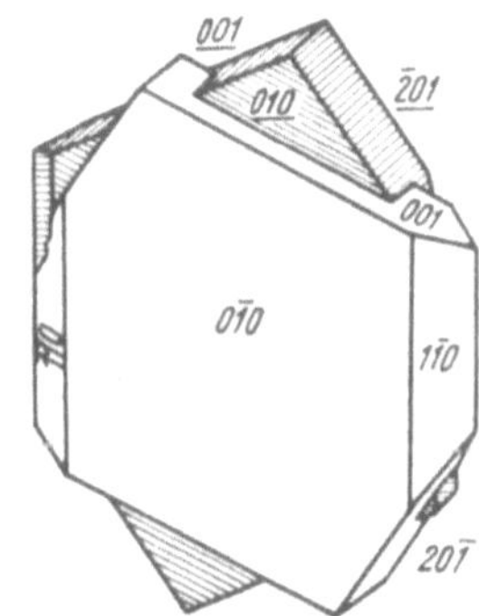

Abb. 10. Kalifeldspat, Karlsbader Zwilling.

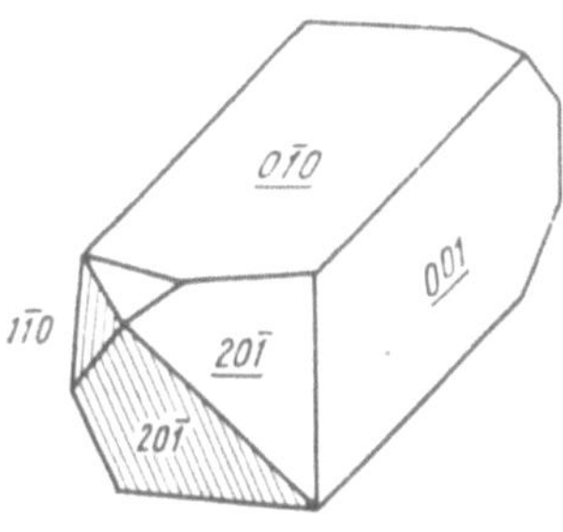

Abb. 12. Kalifeldspat, Bavenoer Zwilling.

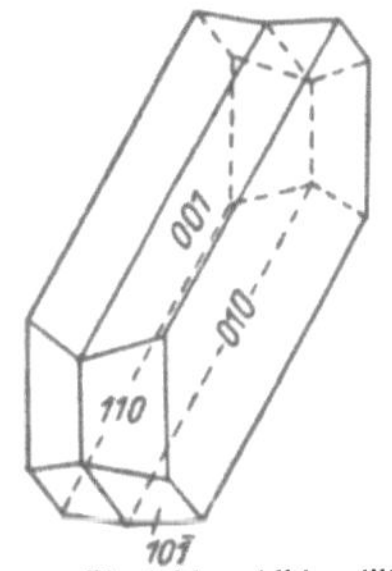

Abb. 14a. Plagioklas, Albitzwilling.

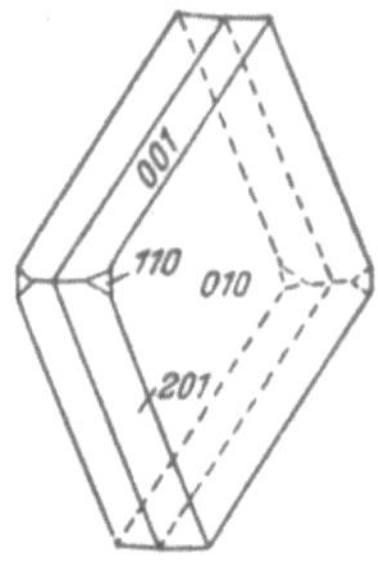

Abb. 14b. Plagioklas, Albitzwilling.

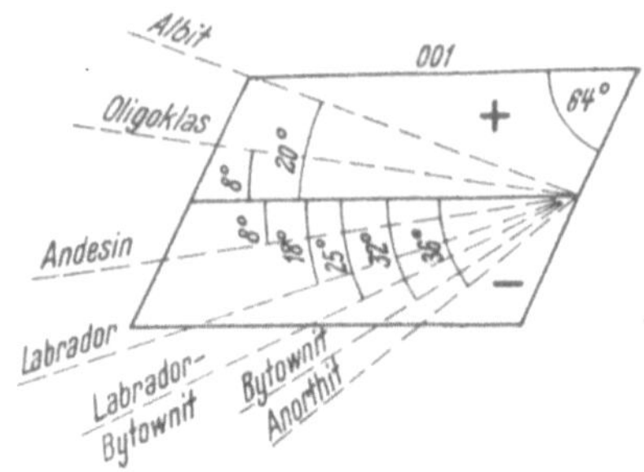

Abb. 15. Auslöschung auf (010) der Plagioklase.

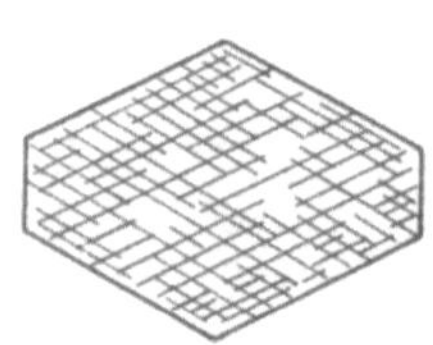

Abb. 16. Hornblende,
Spaltrisse nach (110).

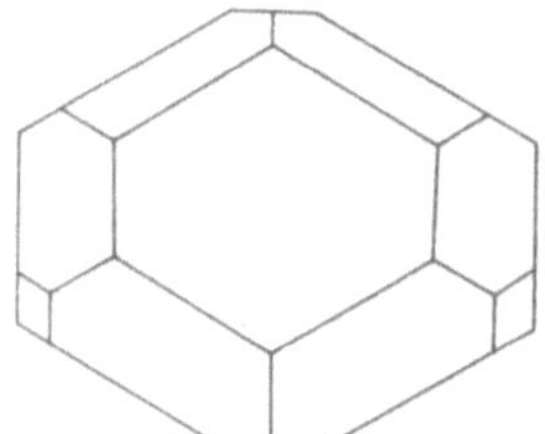

Abb. 17. Hornblende,
charakteristisches Kopfbild.

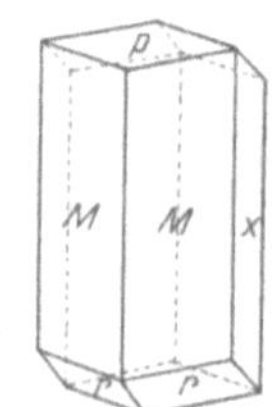

Abb. 18. Hornblende,
einfacher Kristall.

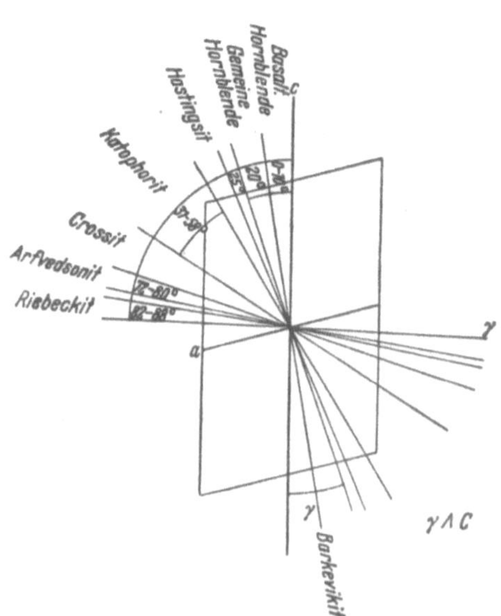

Abb. 19a. Auslöschungswinkel auf (010)
in der Hornblendegruppe.

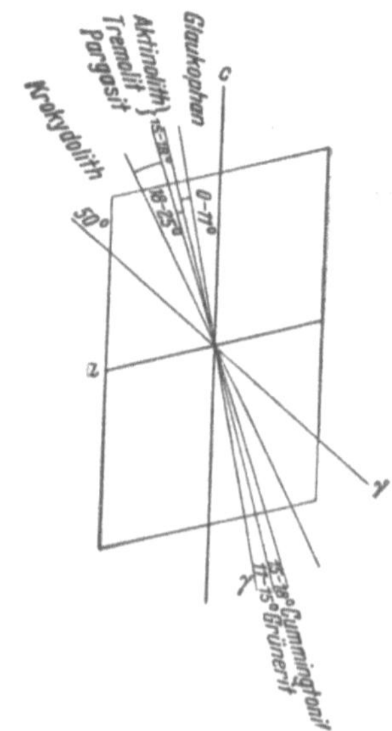

Abb. 19b. Auslöschungswinkel auf (010)
in der Hornblendegruppe

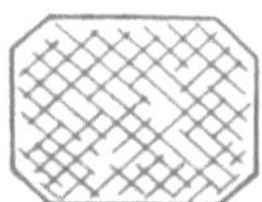

Abb. 20. Augit, Spaltrisse nach (110).

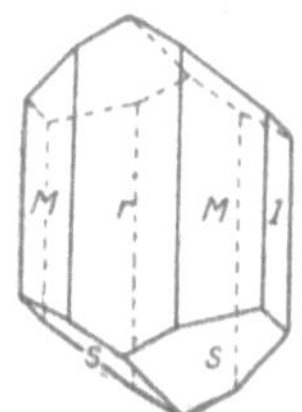

Abb. 21. Augit, einfacher Kristall.

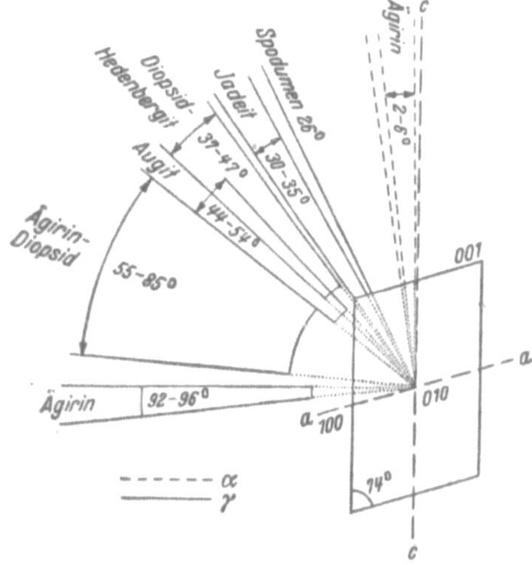

Abb. 22. Augit, Zwilling nach (100).   Abb. 23. Auslöschungswinkel auf (010) in der Augitgruppe.

Gebrauchte Abkürzungen in den Tabellen:

kub.	= kubisch	Handb.	= Hinweis auf mineralogische Handbücher und Lehrbücher
hex.	= hexagonal		
tetr.	= tetragonal	Komb.	= Kombination
trig.	= trigonal	krist.	= kristallin
rhomb.	= rhombisch	Lagerst.	= Lagerstätten
mon.	= monoklin	Mitt.	= Mittellinie
trikl.	= triklin	Mtgl.	= Metallglanz
× (×)	= Kristall(e)	n	= Brechungsexponent
AE	= Achsenebene	s. v.	= sehr vollkommen
anl.	= anlaufend	v.	= vollkommen
Ausl.	= Auslöschung	unv.	= unvollkommen
ausl.	= auslöschend	vorh., vorw.	= vorherrschend, vorwiegend
bas.	= basisch	Vork.	= Vorkommen
Begl.	= Begleiter	Zw.	= Zwillinge
bes.	= besonders	v. d. L.	= vor dem Lötrohr
doppelbr.	= doppelbrechend	1+, 1−	= optisch einachsig, positiv oder negativ
Drill.	= Drillinge		
farbl.	= farblos	2+, 2−	= optisch zweiachsig, positiv oder negativ
Fl.	= Flamme		
Gest.	= Gesteine	Cu+, Pb− u. s. w.	= Kupferreaktion positiv, Bleireaktion negativ usw.
gew.	= gewöhnlich		

I. Metallisch

1. Cu+

A. von gelber

Name Chem. Zus.	Farbe	Strich	Härte --- Dichte	Kristall- system	Ausbildung der Kristalle
Ged. Kupfer Cu	kupferrot, häufig braune bis schwarze Verwitterungsrinde	kupferrot (glänzend)	$2^1/_2$—3 --- 8·5 — 9·0	kub.	vorw. Würfel, Oktaeder, Rhombendodekaeder u. a. gew. stark verzerrt; nicht scharfkantig
Bornit Buntkupferkies $Cu_5\,Fe\,S_4$	rötlich tombakbraun; bunt, bes. violett und rot anl.[1]	grauschwarz	$3^1/_2$ --- 4·9—5·3	kub. ×× selten	vorw. Würfel mit Oktaedern, Rhombendod. ×× verzerrt; rauhe Flächen
Kupferkies Chalkopyrit $Cu\,Fe\,S_2$	messinggelb[2] mit Stich ins Grüne; bunt, blau, schwarz anl.	grünlichschwarz	$3^1/_2$ — 4 --- 4·1—4·3	pseudokub. tetr.	scheinbar Tetraeder, Oktaeder; Zw. Fünflinge; manche Flächen rauh, gerieft
Zinnkies Stannin $Cu_2\,Fe\,Sn\,S_4$	speisgelb[2], olivfarben bis stahlgrau	schwarz	4 --- 4·3—4·5	pseudokub. tetr.	tetraederähnlich, rhombendodekaederähnlich Zw. nach (111)

I. A. 2. Cu—

Name Chem. Zus.	Farbe	Strich	Härte --- Dichte	Kristall- system	Ausbildung der Kristalle
Ged. Gold Au[3]	goldgelb, messinggelb, speisgelb, senfgelb, bräunlich	goldfarben (glänzend)	$2^1/_2$—3 --- 15·5—19·3	kub.	meist verzerrt, ecken- und kantengerundet. Vorw. Oktaeder, Würfel, Rhombendod. Zw. nach (111) bes. zu Blechen verzerrt
Millerit Haarkies NiS	messinggelb, dünne Haare grünlichgrau, bräunlich oder schwärzlich	grünlichschwarz	$3^1/_2$ --- 5·3	trig.	nadelförmig, haarförmig
Magnetkies [4] Pyrrhotin Magnetopyrit FeS	tombakbraun bis messinggelb, mit Stich ins Braune; dunkelbraun, matt anl.	grauschwarz	4 --- 4·6	hex.	vielfach nur kleine hex. Tafeln, aber auch große, dicktafelige bis kurzsäulige ××. Gerne rosettenförmige Gruppen

[1] Frischen Bruch anschlagen!
[2] Unterscheide das „speisgelb" des Pyrits vom tombakbraun des Magnetkieses und das grünliche Gelb des Kupferkieses bei Tageslicht!

glänzende Minerale
(brauner) oder roter Farbe

Spaltbarkeit / Bruch	Aggregate	Chem. Verhalten	Bemerkungen; Begleiter
— / hakig	derb, eingesprengt, baumförmig, ästig, drahtförmig, gestrickt, Bleche und Platten; Körner und Klumpen	leicht schmelzbar; in HNO_3 blaue Lösung; auch in HCl löslich	Bleche biegsam; häufig Belag von Malachit, Azurit, Cuprit. Bei Vork. in Melaphyren Begl. Prehnit, Analcim, Datolith, Calcit u. a.
— / musch.	derbe, plattenförmige Massen, eingesprengt	zur Kugel schmelzend; in HNO_3 u. HCl löslich; S+, Fe+	Auf Kupfererzgängen, Kontaktlagerstätten u. a. Vork. Begl. Kupferkies, Enargit, Kupferglanz, Malachit u. a.
	derbe, dichte Massen, angeflogen, eingesprengt; selten traubig-nierig **(Nierenkies). Nicht** faserig od. strahlig!	leicht schmelzend; in HNO_3 (nicht HCl) löslich S+, Fe+	Sehr verbreitet auf Erz- und Kontaktlagerst. Überzug auf Zinkblende, Fahlerz oder Bleiglanz
	derb, eingesprengt, feinkörnig bis dicht	schwer schmelzbar; in HNO_3 unter Abscheidung von S und SnO_2 löslich; Sn+	Auf Zinnerz- und Zinkblendegängen, auf Kupferlagerst. Begl. Zinnober, Kupferkies, Arsenkies, Tetraedrit, Wolframit, Quarz
— / hakig	gerne in Platten, Blechen, gestrickt, fiederförmig, baumförmig. Sonst Flitter, Körnchen, Klumpen; eingesprengt	in Säuren, außer Königswasser nicht löslich	sehr dehnbar, Bleche biegsam. Begl. Quarz, Pyrit, Arsenkies, Goldtelluride u. a. Häufig lose auf Seifen als Schüppchen, Staub, Körnchen, Klumpen
	kaum derb. Strahlige, faserige Aggr., oft regellose oder radialstrahlige Büschel, Haarfilz	zur magnetischen Kugel schmelzend; mit Säuren grüne Lösung. Ni+	Faserige Aggr. Seidenglanz! Auf Erzgängen mit Siderit, Kupferkies, Baryt, Fluorit, Calcit u. a. Mit Nickelerzen, auf Kohlen
(0001) u. (10$\bar{1}$0)	derb, eingesprengt; blätterige, körnige, dichte Massen. Gerne verwachsen mit anderen Kiesen	zur magnetischen Kugel schmelzend; in Säuren unter Abscheidung von S und H_2S löslich.[5] Fe+, S+	In bas. Erstarrungsgesteinen, in Kontaktgesteinen, in bas. krist. Schiefern, in Pegmatiten, auf Erzgängen

[3] Meist Ag-Gehalt (bis 20%); bei noch höherem Gehalt (bis 28%) wird die Farbe lichter (= **Elektrum**).

[4] (FeNi)S = **Pentlandit**. Magnetkiesähnlich, als kleine, selten größere Einschlüsse im Magnetkies.

[5] Unterschied gegenüber Pyrit, der außerdem wesentlich härter ist.

Name Chem. Zus.	Farbe	Strich	Härte ——— Dichte	Kristall- system	Ausbildung der Kristalle
Rotnickelkies **Nickelin** Arsennickel NiAs	licht kupferrot; bräunlich, grau, dann matt anl.	bräunlich- schwarz	$5^1/_2$ ——— $7\cdot3—7\cdot7$	hex. $\times\times$ selten	$\times\times$ fast nur aus derben Stücken als hex. Pyramiden herausragend. Selten beiderseits ent- wickelt als Einschluß in Calcit

Hierher gehören: **Silberkiesgruppe** mit **Sternbergit** (AgFe S), **Argyropyrit** (Ag$_3$Fe$_7$S$_{11}$),

I. B. 1. Mn+   **B. von weißer, grauer**

Name Chem. Zus.	Farbe	Strich	Härte ——— Dichte	Kristall- system	Ausbildung der Kristalle
Manganblende Alabandin MnS	eisenschwarz, braunschwarz anl.	dunkel graugrün	$3^1/_2—4$ ——— $4\cdot0$	kub.	vorw. Oktaeder und Würfel
Manganit Braunmanganerz MnO . OH	braunschwarz bis schwarz	dunkelbraun bis rotbraun [1]	4 ——— $4\cdot3—4\cdot4$	rhomb.	kurzsäulig, flächen- reich, langsäulig, flächenarm; starke Riefung. Nadelig; knie- und kreuzförmige Zw.
Hausmannit Mn$_3$O$_4$	eisenschwarz (ins Braune)	braun, rötlichbraun	$5—5^1/_2$ ——— $4\cdot7—4\cdot8$	tetr.	$\times\times$ ein- und auf- gewachsen, pyramidal. Häufig Zw. u. Fünflinge wie Kupferkies
Pyrolusit Weichmanganerz MnO$_2$	$\times\times$ grauweiß bis stahlgrau; fein- krist. Aggr. grau, schimmernd	schwarz	$\times\times$ bis 6, lockere Aggr. weich, abfärbend ———	rhomb.	$\times\times$ selten gut entwickelt; meist lockere, fein- kristalline Pseudo- morphosen, pris- matisch, gerieft, an den Köpfen vielfach in Spieße auslaufend

Wolframit (FeMn) WO$_4$, dunkelbraun bis schwarz, ebensolchem Strich, halbmetallischem Glanz

Name Chem. Zus.	Farbe	Strich	Härte ——— Dichte	Kristall- system	Ausbildung der Kristalle
Polianit MnO$_2$	stahlgrau	schwarz	6 ——— $5\cdot0$	tetr.	selten kleine $\times\times$, meist Aggr. Siehe dort!
Braunit 3 Mn$_2$O$_3$. MnSiO$_2$	eisenschwarz bis bräunlichschwarz	schwarz	$6—6^1/_2$ ——— $4\cdot7—4\cdot9$	pseudokub. tetr. $\times\times$ klein	oktaederähnlich
Franklinit (ZnMn)Fe$_2$O$_4$	eisenschwarz	rötlichbraun	$6—6^1/_2$ ——— $5\cdot0—5\cdot2$	kub.	meist Oktaeder mit gerundeten Kanten

Hierher gehört: **Jakobsit** (MnFe$_2$O$_4$). Vergl. ferner **Columbit** und **Tantalit** S 68.

[1] Unterschied gegenüber Pyrolusit. Bei beginnender Zersetzung wird der Strich schwarz (Pyrolusitbildung).

Spaltbarkeit / Bruch	Aggregate	Chem. Verhalten	Bemerkungen; Begleiter
	derb, eingesprengt, Trümer, traubig-nierig, gestrickt	in konz. Säuren grüne Lösung Ni+, As+	mit Chloantit, Speiskobalt, ged. Wismut, Silber u. Arsen, Proustit, Baryt, Kupferkies u. a. Selten in serpentinisiertem Gabbro mit Chromit. Häufig Belag von Annabergit

Argentopyrit ($AgFe_3 S_5$), **Calaverit** ($AuTe_2$), **Breithauptit** (NiSb) u. a.

oder schwarzer Farbe

Spaltbarkeit / Bruch	Aggregate	Chem. Verhalten	Bemerkungen; Begleiter
v. (100)	derb, körnig, seltener blättrig	schwer schmelzbar; in HCl unter Entwicklung von S löslich	Glanz halbmetallisch! Begl.: Zinkblende, Manganspat, Rhodonit, Bleiglanz
v. (010)	strahlig-stengelige (radial oder verworren), seltener körnige Massen	wie Pyrolusit! siehe dort. H_2O+ (schwach)	Stark glänzend. Mtgl. jedoch unvollkommen. In dünnsten Splittern rot durchscheinend. Oft in Pyrolusit umgewandelt, dann **schwarzer** Strich. Mit Baryt, Calcit u. a.
v. (001)	derb, körnig	wie folgender Pyrolusit	unv. fettiger Mtgl. Feinste Splitter rotbraun durchsichtig. Begl.: Pyrolusit, Psilomelan, Braunit, Baryt, Calcit
—	derbe, strahlige, nadelige, feinkörnige bis dichte Massen	unschmelzbar; in HCl unter Entwicklung von Cl löslich. Oft H_2O+ u. a. Verunreinigungen	Glanz ist halbmetallisch, schillernd. Vergl. Psilomelan = P. mit Verunreinigungen, nicht met. glänzend

s. unter braunem Strich!

Spaltbarkeit / Bruch	Aggregate	Chem. Verhalten	Bemerkungen; Begleiter
	Aggr. sehen dem Pyrolusit sehr ähnlich	wie Pyrolusit	außer dem Fundort Platten werden die anderen angezweifelt
(111)	derb, körnig; gerne drusenartige Krusten bildend	wie Pyrolusit	Mtgl. unv., etwas fettig. Begl.: Pyrolusit, Hausmannit, Psilomelan, Calcit, Baryt u. a.
	körnig	unschmelzbar; in HCl unter Entwicklung von Cl löslich; Zn+	unv. Mtgl. In dünnsten Schichten tiefrot oder rotbraun durchscheinend. Begl.: Willemit Zinkit, Calcit

Name Chem. Zus.	Farbe	Strich	Härte Dichte	Kristall-system	Ausbildung der Kristalle
I. B. 2. Mn−; Co+ oder Ni+ (vorerst As abrauchen)					
Kobaltarsenkies Danait und **Glaukodot**[1] (FeCo) AsS	rötlich zinnweiß, zinngrau	schwarz	$\frac{4-5}{6\cdot2-6\cdot6}$	pseudorhomb. mon.	kurzsäulig, lang- säulig. Riefung auf Prisma. Zw.
Kobaltkiesgruppe: **Linneit** = Co_3S_4 **Carrolit** = $CuCo_2S_4$ **Siegenit** = $(CuNi)_3S_4$ **Polydymit** = Ni_3S_4 **Violarit** = $(NiFe)_3S$	zinnweiß, rötlich silberweiß, Stich ins Gelbliche	grauschwarz	$\frac{4\frac{1}{2}-5\frac{1}{2}}{4\cdot8-5\cdot8}$	kub.	Oktaeder allein oder mit Würfel. Zw. nach (111)
Safflorit[2] Spatiopyrit $CoAs_2$ und **Rammelsbergit** $NiAs_2$	zinnweiß, grau anl.	grau bis schwarz	$\frac{4\frac{1}{2}-5\frac{1}{2}}{6\cdot9-7\cdot3}$	rhomb. ×× sehr klein	häufig sternförmige Drillinge
Gersdorffit Arsennickelglanz $NiAsS$ [3]	zinnweiß, blei- grau; stahlgrau, dunkelgrau anl.	grauschwarz	$\frac{5}{5\cdot6-6\cdot2}$	kub. ×× selten	vorh. Würfel, dann Oktaeder, Rhombendod. ×× eingewachsen
Ullmannit Antimonnickelglanz[4] $NiSbS$	zinnweiß, silber- weiß, derb etwas dunkler; grau anl.	grauschwarz	$\frac{5}{6\cdot7}$	kub. ×× verh. selten	vorw. Würfel dann beide Tetraeder (Oktaeder)
Chloanthit Weißnickelkies $NiAs_{2-3}$ und **Speiskobalt**[5] Smaltin $CoAs_{2-3}$	zinnweiß bis stahlgrau; dunkelgrau anl.	grauschwarz	$\frac{5}{6\cdot4-6\cdot6}$	kub.	vorw. bauchig ge- krümmte Würfel, von Subindividuen besetzt, geborsten aussehend. Kombi- nation m. Oktaeder und Rhombendod.
Glanzkobalt Kobaltglanz Cobaltin $CoAsS$ (bis $12^0/_0$ Fe)	×× rötlich silberweiß, derb mehr grau; röt- lichgrau anl.	grauschwarz	$\frac{5\frac{1}{2}}{6-6\cdot4}$	kub.	wie Pyrit. Penta- gondod., Oktaeder, Würfel mit Riefung // einer Würfelkante

Löllingit $FeAs_2$ und **Arsenkies** $FeAsS$ können gleichfalls Ni- oder Co-Perle ergeben. s. S. 52 u. 54.

I. B. 3. Mn−, Ni−, Co−; Cu+ a) Pb+ oder Bi+

Name Chem. Zus.	Farbe	Strich	Härte Dichte	Kristall-system	Ausbildung der Kristalle
Bournonit Rädelerz $PbCuSbS_3$	blei- bis stahlgrau, eisenschwarz	grauschwarz	$\frac{3}{5\cdot7-5\cdot9}$	pseudotetr. rhomb.	dicktafelig, kurzsäu- lig, pyramidal. Häufig Durchkreuzungssz., wie Zahnräder ge- kerbt = **Rädelerz**

Hierher gehören: **Emplektit** ($CuBiS_2$), **Klaprothit** ($Cu_6Bi_4S_9$), **Gladit** ($PbCuBi_5S_9$), **Lindströmit**

[1] $6-9^0/_0$ Co! Glaukodot ist Co-reicher. As durch Bi ersetzt ist **Alloklas.**
[2] Isomorphe Mischreihe. Stets ist auch Fe vorhanden (bis zu beträchtlicher Menge).
[3] Stets einige Prozent Fe, auch Co!

Spaltbarkeit / Bruch	Aggregate	Chem. Verhalten	Bemerkungen; Begleiter
(001) / musch.	derb	leicht schmelzbar; in HNO_3 rote Lösung. Nach Abrauchen von As ist Co ·	mit Kobaltglanz, Kupferkies, Magnetkies, in Chloritschiefern
(100) wechselnd / uneben	derb, körnig	in HNO_3 unter Abscheidung von S löslich	mit Kupferkies, Tetraedit, Siderit u. a.
	derb, radialstrahlig		auf Co-Ni- und Ag-Erzgängen. Beim Anschlagen As-Geruch. Öfter Beschlag von Erythrin oder Annabergit
v. (100) / uneben	derb, körnig (blättrig)	in HNO_3 grüne Lösung As+	mit Ullmanit, Kupferkies, Siderit, Baryt. Oft Beschlag von Annabergit
(100) / uneben	derb, körnig	in HNO_3 grüne Lösung Sb+	mit Gersdorffit ×× in Calcit. Sonst Begl.: Bleiglanz, Proustit, Siderit u. a.
keine Spaltbarkeit! Absonderung durch Zonenbau	derb, körnig, gestrickt, nierig, dicht. Bruch feinkörnig, dicht, kurzfaserig	schmelzend; in HNO_3 rote Lösung bei Co-, grüne bei Ni-Gehalt	mit Co-Ni-Erzen, wie Safflorit, Rotnickelkies; mit ged. Wismut, ged. Silber, ged. Arsen, Proustit, Siderit, Fluorit
— / musch. oder uneben	eingesprengte ×× in krist. Schiefern. Agg. derb, körnig	schmelzend; in HNO_3 rote Lösung As+	eingewachsene ×× gut entwickelt. In Glimmerschiefern, Gneisen, Marmoren; z. T. mit Kupferkies

Hieher gehört: **Skutterudit** (Tesseralkies) = $CoAs_3$, oft mit Ni.

| — / musch. | derb, körnig bis dicht | leicht schmelzbar Sb+ | Auf Bruchflächen fettartiger Glanz. ×× oft aufgewachsen. Begl.: Fahlerz, Kupferkies, Zinkblende, Bleiglanz, Siderit |

($PbCuBi_2S_6$); ferner **Patrinit** ($PbCuBiS_3$) und **Seligmannit** ($PbCuAsS_3$)

[4] Wenig As und Fe!
[5] Isomorphe Mischreihe.

Name Chem. Zus.	Farbe	Strich	Härte Dichte	Kristall- system	Ausbildung der Kristalle
b) Pb−, Bi−					
Polybasit Eugenglanz [1] $(AgCu)_{16}Sb_2S_{11}$	eisenschwarz, in dünnen Blättchen rot durch-scheinend	schwarz bis tiefrot	$1^1/_2-2$ —— $6\cdot0-6\cdot2$	pseudohex. mon.	pseudohex. dünne Tafeln, auf (001) dreiseitige Streifung
Kupferglanz Chalkosin Cu_2S	dunkelbleigrau bis stahlgrau, mattschwarz	dunkelgrau	$2^1/_2-3$ —— $5\cdot8$	pseudohex. rhomb.	dicktafelig, kurz-säulig, pyramidal; pseudohex. Drillinge, Durchkreuzungszw., Basisfläche gerieft
Enargit [2] CuAsS	stahlgrau bis eisenschwarz, Stich ins Braun-violette	grauschwarz	$3^1/_2$ —— $4\cdot4$	rhomb.	kurzsäulig, nadelig, würfelähnlich, Flächen gerieft. Zw. und Drillinge
Fahlerze [3] 1. **Tetraedrit** Cu-Sb-Fahlerz	grau, olivfarbig bis eisenschwarz	schwarz, frisches Pulver, rötlich	$3-4$	kub.	
2. **Tennantit** Binnit Cu-As-Fahlerz	dunkelgrau bis eisenschwarz	rötlichbraun, kirschrot	$3-4$	kub.	Tetraeder u. Komb. mit Würfel, Trigon-dod.etc., jedoch vorh. die Tetraedergestalt;
3. **Freibergit** Silberfahlerz Cu-Ag-Sb-Fahlerz	grau in verschiedenen Schattierungen bis olivfarbig	grauschwarz	$3^1/_2$	kub.	Durchdringungszw. mit nasenartigen Vorsprüngen auf den Tetraederflächen
4. **Schwazit** Spaniolith, Hg-Fahlerz Cu-Hg-Sb-Fahlerz	dunkelgrau bis eisenschwarz	grauschwarz	$3^1/_2$	kub.	
Zinnkies Stannin CuFeSnS (oft Zn-Gehalt)	stahlgrau, ins Gelbe oder Oliv-farbene spielend	schwarz	4 —— $4\cdot3-4\cdot5$	pseudokub., tetr. ×× selten und klein	scheinbar tetraedrisch und rhomben-dodekaedrisch. Zw. nach (111)
I. B. 4. Mn−, Cu−; Pb+ oder Bi+					
Nagyagit Blättererz, Blättertellur $Au_2Pb_{14}Sb_3Te_7S_{17}$	dunkelbleigrau bis schwarz	grauschwarz ins Braune	$1-1^1/_2$ —— $6\cdot8-7\cdot5$	rhomb.	dünne Lamellen, dünntafelig, blättrig, schuppig
ged. Blei Pb	bleigrau; schwärzlich anl.	grau	$1^1/_2$ —— $11\cdot5$	kub. ×× selten	Würfel und Oktaeder

[1] Fast stets etwas As; Übergang zum isomorphen **Pearceit**.

[2] Mit Enargit gleich zusammengesetzt ist **Luzonit**; keine ××, nur derb, feinkörnig von rötlich-stahlgrauer Farbe (heller als Enargit).

Spaltbarkeit / Bruch	Aggregate	Chem. Verhalten	Bemerkungen; Begleiter
(001)		leicht schmelzbar, zerknistert v. d. L. Ag+	Dünne Blättchen optisch zweiachsig. Mit anderen Ag-Erzen wie Stephanit, Argentit; mit Siderit, Calcit, Fluorit, Baryt
(110) nur in angewitterten Stücken	derb, dicht eingesprengt	schmelzbar; mit HNO_3 blaue Lösung	oft nur derb, eingesprengt, als feiner Überzug auf anderen Erzen. Begl.: Bornit, Enargit, Fahlerz
v. (110)	derbe, strahlige, stengelige, körnige, spätige oder dichte Massen	schmelzbar; in HNO_3 löslich	Mtgl. nicht v. Kupferglanz, Bornit, Covellin, Fahlerz, Pyrit, Zinkblende
keine Spaltbarkeit; Bruch muschelig	×× oft aufgewachsen; derbe, körnige Aggr.	schwer schmelzend; vorw. Sb+	Auf musch. Bruchflächen Mtgl. sonst matt. Oft von Kupferkies überzogen. Häufige Begl.: Kupferkies, Zinkblende, Siderit, Quarz u. a.
	×× oft aufgewachsen; derbe, körnige Aggr.	vorw. As+	Dünne Splitter rotbraun durchsichtig Begl. wie oben
	×× oft aufgewachsen; derbe, körnige Aggr.	vorw. Ag+	mit Bleiglanz, Zinkblende, Pyrargyrit, Manganspat, Siderit
	×× oft aufgewachsen; derbe, körnige Aggr.	Hg+	Begl. wie oben; ferner Cinnabarit
—	eingesprengt; feinkörnig, dicht	schwer schmelzend; in HNO_3 unter Abscheidung von SnO_2 und S löslich. Sn+	Auf Zinnerzgängen, auf Zinkblendelagerst., auf Cu-Erzgängen mit Zinnstein, Kupferkies, Arsenkies, Tetraedrit, Wolframit, Quarz
v. (010)	dünntafelig, blättrig, gestrickt, dendritisch	Pulver in konz. H_2SO_4 färbt Lösung rot; Red. Fl. grün färbend	schriftähnliche, gestrickte Gebilde auf Trachyt
	Bleche, Platten, Körner; haarförmig, drahtförmig, eingesprengt	leicht schmelzend	größere ×× und Platten nur aus manganreichen Eisenerzlagerst. Schwedens. Lose Körner auf Goldseifen

[3] $(Cu_2Ag_2FeZnHg)_3 (SbAsBi)_2S_6$. Je nach der herrschenden Zusammensetzung trennt man:
1. Tetraedrit, 2. Tennantit, 3. Freibergit, 4. Schwazit und 5. **Annivit** = CuSbBi-Fahlerz.

Name Chem. Zus.	Farbe	Strich	Härte ——— Dichte	Kristall- system	Ausbildung der Kristalle
Tetradymit Tellurwismut [1] Bi_2Te_2S	frischer Bruch bleigrau, sonst matt und dunkler	grau	$1^{1}/_{2}$—2 ——— 7·2 — 7·9	trig.	gute ×× selten und klein, rhomboedrisch; Viellinge
Wismutglanz · Bismutin Bi_2S_3	bleigrau bis zinnweiß; oft gelb anl. Lichter als Antimonit	grau (glänzend)	2 ——— 6·8—7·2	rhomb.	prismatische, strahlige nadelige, schlecht entwickelte ×× ohne Endflächen
Jamesonit [2] $Pb_2Sb_2S_5$	bleigrau bis stahlgrau	grau bis grauschwarz	2—$2^{1}/_{2}$ ——— 5·5 — 5·7	mon. meßbare ×× selten	langprismatisch, spießig, haarförmig, ×× ohne Endflächen
ged. Wismut Bi	silberweiß mit rötlichem Stich; bunt anl.	bleigrau	2—$2^{1}/_{2}$ ——— 9·7 — 9·8	trig.	×× nat. selten; würfelähnliche Rhomboeder
Boulangerit $Pb_5Sb_4S_7$	matt bleigrau bis schwärzlich	grau bis schwarz	$2^{1}/_{2}$ ——— um 5·8	rhomb. ×× sehr selten	×× prismatisch; sonst nur derb
Bleiglanz Galenit [3] PbS	bleigrau, z. T. ins Rötliche	grauschwarz (matt)	$2^{1}/_{2}$—3 ——— 7·2—7·6	kub.	oft in guten, großen ××. Vorw. Würfel mit Oktaedern, sonst Rhom- bendod., Ikosite- traeder u. a. Häufig Zw. nach (111)
Zinckenit $PbSb_2S_4$	dunkelgrau, bleigrau; bes. blau (auch bunt) anl.	schwarz, feinstes Pulver rötlich	3 ——— 5·3	rhomb. pseudohex. durch Ver- zwillingung	nadelige, strahlige, spießige ××, fast stets pseudohex. Drillinge, gerieft, mit flachen Pyramiden
Jordanit $Pb\,As_2S_7$	dunkelgrau, oft bunt anl.	schwarz	3 ——— 6·4	z. T. pseudohex. mon.	Flächenreiche, nach (010) dick- oder dünntafelige ×× Zwillingsriefung

Hieher gehören: **Freieslebenit** $(Pb_3Ag_5Sb_5S_{12})$, **Plagionit** $(Pb_5Sb_8S_{17})$, **Sartorit** $(PbAs_2S_4)$, **Baum-Kylindrit** $(6PbS.6SnS.Sb_2S_3)$, **Altait** (PbTe) **Clausthalit** (PbSe) u. a.

[1] Vergl. ähnliche Te-Bi-Verbindungen in Handbüchern!
[2] **Federerz** = feinfaseriger, verfilzter J. **Zundererz** = rotbraunes Federerz, durch Proustit und Arsenkies verunreinigt.

Spaltbarkeit / Bruch	Aggregate	Chem. Verhalten	Bemerkungen; Begleiter
v. (0001)	blättrig	leicht schmelzbar; in HNO_3 unter Abscheidung von S löslich; färbt Red. Fl. grün	Begleiter mancher Goldvorkommen; mit Wismut, Kupferkies, Molybdänglanz
v. (001)	strahlig, nadelig, haarförmig, derb	leicht schmelzend; in HNO_3 löslich	auf Co- u. Ni-, sowie Sn-Bi-Erzgängen. In Kontaktlagerst. mit Magnetit, Hornblende und Augit
(001) leicht zerbrechlich	parallel- oder divergentstrahlig, faserig, haarförmig; auch dicht. Haarfilz = **Zundererz**	wie Zinckenit siehe unten!	ähnlich Antimonit und anderen Blei-antimonspießglanzen. Begl.: Bleiglanz, Bournonit, Zinkblende u. a.
v. (0001)	derb, blättrig, körnig, oft gestrickt, dendritisch baumförmig, in Blechen; künstl. ×× gerne skelettartig	sehr leicht schmelzend; in HNO_3 löslich	auf Zinnerzgängen mit Zinnerz Wolframit, Molybdänglanz u. a. Auf Ni-Co-Erzgängen mit Chloantit, Nickelin, Baryt u. a.
	derb, feinkörnig, faserig, dicht	in heißer HCl löslich	faserige Aggr. etwas seidenartig schimmernd. Begl.: Antimonit, Siderit, Quarz
s. v. (001)	derb, körnig, dicht, eingesprengt, traubig, stalaktitisch, gestrickt; selten faserig, plattenförmig	leicht schmelzend. In HNO_3 unter Abscheidung von S löslich. In HCl löslich mit weißem Niederschlag von $PbCl_2$	frische Spaltfl. vorzüglicher Mtgl., sonst oft matt. ×× oft zerfressen, mulmig, mit Neubildungen von Cerussit, Anglesit. Begl.: Zinkblende, Kupferkies Tetraedrit, Bournonit, Arsenkies u. v. a.
	derb. stengelig, strahlig, faserig	sehr leicht schmelzbar, zerknistert v. d. L. In heißer HCl unter H_2S-Bildung löslich	mit Bournonit, Bleiglanz, Antimonit, Boulangerit, Quarz, Siderit, Zinkblende, Pyrit
v. (010)	neben Kristallaggr. auch kugelige und nierige Massen in Schalenblende	von HNO_3 unter Abscheidung von $PbSO_4$ zersetzbar	×× bes. vom Binnental, verwachsen mit Bleiglanz u. Pyrit. Vork. von Nagyag mit Zinkblende auf Bleiglanz u. Quarz. Nierige Massen in Schalenblende von Oberschlesien.

hauerit ($Pb_5As_8S_{17}$) **Rathit** ($Pb_3As_4S_9$), **Dufrenoysit** ($Pb_2As_2S_5$), **Schappachit** ($AgBiS_2$), **Teallit** ($PbSnS_2$),

[8] Abarten: 1. **Bleischweif** — natürlich ausgewalzter, dichter oder durch Rekristallisation feinkörniger B. ohne deutliche Spaltbarkeit mit muscheligem Bruch. 2. **Glasurerz** = besonders Ag-reicher B. 3. **Blaubleierz** = Pseudomorphose von B. nach Pyromorphit.

Name Chem. Zus.	Farbe	Strich	Härte Dichte	Kristall- system	Ausbildung der Kristalle
I. B. 5. Rest a) Sb +					
Antimonit **Antimonglanz** Grauspießglanz Sb_2S_3	bleigrau; mattschwarz, auch bunt anl.	dunkelgrau	2 ——— $4·6—4·7$	rhomb.	langsäulig, nadelig, spießig, haarig, oft gebogen, gerieft, meist schlechte End- flächen am Kopf
Stephanit Sprödglaserz Melanglanz Ag_5SbS_4	dunkelbleigrau bis schwarz; mattschwarz oder bunt anl.	schwarz (glänzend)	$2^{1}/_2—3$ ——— $6·2—6·3$	pseudohex. rhomb.	säulig, dicktafelig, oft rosetten- oder treppenartige Gruppen
Pyrargyrit Dunkles Rotgültigerz Antimonsilberblende Ag_3SbS_3	dunkelrot, rötlich- bleigrau bis eisenschwarz	kirschrot, purpurrot	$2^{1}/_2—3$ ——— $5·85$	trig.	hex. Säulen, Skalenoeder mit Rhomboedern; auch spießig, haarig
ged. Antimon Sb	zinnweiß, bunt anl.	grau	$3—3^{1}/_2$ ——— $6·6—6·7$	pseudokub. trig.	**würfelähnliche** Rhomboeder oder tafelige ×× Nat. ×× selten und klein
Allemontit Gemenge von ged. Arsen, ged. Antimon und von „Stibarsen"= SbAs	zinnweiß bis grau	grau	um $3^{1}/_2$ ——— um 6	—	—
Dyskrasit Antimonsilber Ag_3 Sb	silberweiß mit Stich ins Gelbliche; grau, goldigbraun anl.	grau	$3^{1}/_2$ ——— $9·4—10$	pseudohex. rhomb.	säulig, pyramidal, plattig, durch Ver- zwillingung pseudo- hex. Aussehen. Auf Basis Riefung

Hierher gehören: **Miargyrit** ($AgSbS_2$), **Berthierit** ($FeSb_2S_4$), **Livingstonit** ($HgSb_4S_7$) u. a.

I. B. 5. Rest. b) Sb—; Fe+

Name Chem. Zus.	Farbe	Strich	Härte Dichte	Kristall- system	Ausbildung der Kristalle
Zinkblende als **Christophit** [1] $Zn(Fe)S$	dunkelbraun bis schwarz [1]	bräunlich- schwarz	4 ——— $4·0—4·2$	kub.	bei dieser dunklen Z. keine guten ××
Löllingit Arsenikalkies $FeAs_2$ mit Ni- Co-S-Gehalt	zinnweiß, grau	grauschwarz	5 ——— $7·1—7·4$	rhomb.	meist kleine Nadeln mit (110) u. (001)
Wolframit (FeMn) WO_4	dunkelbraun bis schwarz	braun bis schwarz	s. S. 66!		

[1] Über nicht metallisch glänzende heller gefärbte Z. s. S. 62!

Spaltbarkeit ——— Bruch	Aggregate	Chem. Verhalten	Bemerkungen; Begleiter
v. (001)	derb, stengelig, strahlig, faserig, haarig; körnig, dicht	schmilzt sehr leicht. Durch HCl zersetzbar	dünne Blättchen biegsam. Mit Bleispießglanzen, Zinnober, Realgar, Auripigment, Baryt, Siderit
	derb, eingesprengt, Anflug	leicht schmelzbar $Ag+$	Begl. sonstige Silbererze, Bleiglanz, Fluorit, Siderit, Baryt, Quarz
$(10\bar{1}0)$	derb, eingesprengt, als Anflug, dendritisch	leicht schmelzend $Ag+$, $Sb+$	im durchfallenden Licht rot durchscheinend. Glanz = metallischer Diamantglanz. Begl.: Antimonit, Berthierit, Calcit u. a.
v. (0001)	derb, spätigkörnig, blättrig, selten nierig	schmilzt sehr leicht und verflüchtigt	Mit Antimonit und Ag- u. As-Mineralen
	meist feinkörnige Massen, in Varuträsk grobspätig; derb, nierig	$Sb+$, $As+$	mit ged. Arsen, Zinkblende, Siderit, Calcit
v. (001)	derb, körnig, eingesprengt; Platten. Bleche, Anflug	leicht schmelzbar $Ag+$	mit Bleiglanz, ged. Arsen, ged. Silber, Pyrargyrit
v. (101)	derb, körnig, spätig	in HNO_3 unter Abscheidung von S löslich Zn-Nachweis schwierig	Glanz ist stark metallischer Diamantglanz! Begl. u. Vork. siehe bei heller Z. S. 63!
(001	derb, eingesprengt, körnig, stengelig, nadelig	schwer schmelzend; gibt fast stets $S+$, häufig auch $Ni+$ oder $Co+$	auf Zinnerzgängen; in Serpentin; in Pegmatit

Name Chem. Zus.	Farbe	Strich	Härte ——— Dichte	Kristall- system	Ausbildung der Kristalle
Chromit Chromeisenerz $FeCr_2O_4$	bräunlich- schwarz bis eisenschwarz	braun (Gegensatz zu Magnetit)!	$5^1/_2$ ——— $4{\cdot}5$—$4{\cdot}8$	kub. selten größere gute $\times\times$	vorh. oktaedrisch; auch rhomben- dodekaedrisch
Magnetit Magneteisenerz Fe_3O_4 größerer Gehalt an TiO_2=**Titano- magnetit**	eisenschwarz mit Stich ins Bläuliche; **nicht** bräunlich, wenn frisch	schwarz; nur bei an- gewitterten Stücken braun (Limonit- bildung)	$5^1/_2$ ——— $5{\cdot}2$	kub.	vielfach gute $\times\times$; vorh. Oktaeder, dann gestreifte Rhomben- dod., seltener Würfel, Hexakisoktaeder u. a. Zw. nach (111) häufig
Ilmenit Titaneisenerz $FeTiO_3$	schwärzlichbraun bis eisenschwarz	bräunlich bis schwärzlich	5—6 ——— $4{\cdot}5$—$5{\cdot}0$	trig.	rhomboedrisch, dicktafelig dünn- tafelig (rosetten- förmig = Eisenrose z. T.)
Arsenkies Arsenopyrit, Miszpickel FeAsS z. T. Co-Ni-Gehalt)	zinnweiß bis licht stahlgrau; dunkel anl.	schwarz	$5^1/_2$—6 ——— $5{\cdot}9$—$6{\cdot}2$	pseudo- rhomb. mon.	Aufgewachsene $\times\times$ gut entwickelt; pyramidal, kurz- säulig, langsäulig, gerieft. Zw. häufig
Arkansit [1] (Brookit) TiO_2 (mit FeO)	rotbraun bis schwarz	bräunlich bis schwarz	$5^1/_2$—6 ——— $3{\cdot}9$—$4{\cdot}2$	pseudo-hex. rhomb.	pyramidal
Nigrin **Rutil** [1] TiO_2 (mit FeO)	eisenschwarz	gelblichgrau bis gelblichbraun	6—$6^1/_2$ ——— $4{\cdot}2$—$4{\cdot}3$	tetr.	säulig, nadelig. Oft knie- oder herz- förmige Zw.
Franklinit (ZnMn) Fe_2O_4	eisenschwarz	rötlichbraun	6—$6^1/_2$ ——— $5{\cdot}0$—$5{\cdot}2$	kub.	vorw. Oktaeder. Kanten gerundet. Meist eingewachsen
Eisenglanz **Hämatit** Specularit [2] Fe_2O_3 (z. T. mit TiO_2)	stahlgrau bis eisenschwarz; mitunter bunt anl.	rötlichbraun, „kirschrot”; Unterschied gegenüber Magnetit!	$6^1/_2$ ——— $5{\cdot}2$—$5{\cdot}3$	trig.	tafelig, blättrig, schuppig, pyramidal, rhomboedrisch, linsenförmig. Tafeln oft rosettenartig gruppiert (= **Eisen- rose** z. T.)

Hierher gehört: **tellurisches Eisen** und **Eisenplatin.**

[1] Vergl. auch S. 64 und S. 70! Vergl. ferner **Anatas** S. 124!

B. von weißer, grauer oder schwarzer Farbe.

Spaltbarkeit / Bruch	Aggregate	Chem. Verhalten	Bemerkungen; Begleiter
—	eingesprengt in Körnern oder Trümer, körnige und derbe Massen	unschmelzbar. In Säuren unlöslich (Gegensatz zu Magnetit) Cr+	unv. Mtgl., fettartig. In dünnen Schichten rotbraun durchscheinend. Vork. nur in sehr bas. Gesteinen (Serpentin, Olivin-Bronzitfels). Nie in sauren Gesteinen
— / musch.	körnig bis dicht, eingewachsen (z. B. gute ×× in Chloritschiefer), Drusen auf Klüften	sehr schwer schmelzbar; in HCl (als Pulver) löslich (vergl. Chromit)!	dünnste Plättchen, z. B. als Einschlüsse in Glimmer braun oder rotbraun durchscheinend. Glanz ist stumpf metallisch, mehr fettartig oder matt. Magnetisch; angewitterte Stücke polarmagnetisch! Ungemein verbreitet
musch.	körnige Aggr., eingewachsene plumpe ×× in Serpentin, lose Körner auf Seifen = **Iserin**	schwer schmelzbar. In HCl nur sehr schwer löslich	unv. Mtgl., fettartig bes. auf frischem Bruch, sonst matt. Dünnste Blättchen (Einschlüsse in Glimmer, Hypersthen u. a.), braun durchscheinend. „Eisenrose" ist z. T. titanreicher Hämatit. Gemengteil bas. Gesteine
(101)	derbe, körnige, strahlige Aggr., faserig und nierenförmig	schmilzt v. d. L. In HNO_3 unter Abscheidung von S löslich. Mitunter Co+, Ni+	Auf Erzgängen verbreitet. Eingesprengt in krist. Schiefer
—	—	unschmelzbar Ti+	Glanz ist metallischer Diamantglanz. In dünnen Schichten durchscheinend
(110) / musch.	derb, körnig, stengelig	unschmelzbar. Von Säuren nicht angreifbar. Ti-Perle schwierig	unv. Mtgl. metallartiger Diamantglanz, Fettglanz. Vork. s. bei Rutil S. 65!
	körnig	unschmelzbar. In HCl unter Cl-Entwicklung löslich. Zn-Nachweis schwierig	unv. Mtgl. In dünnsten Splittern tiefrot oder rotbraun durchscheinend. Begl.: Willemit, Zinkit
	derb, körnig, blättrig, schuppig, dicht	unschmelzbar. In HCl schwer löslich	Dünne Blättchen rotbraun durchscheinend. Oft mit Rutil orientiert verwachsen. Weit verbreitet, gesteinsbildend, pneumatolitisch auf Lava, ×× auf Klüften. Einschluß in Sonnenstein, in Glimmer.

Vergl. ferner **Columbit** und **Tantalit** S. 68!

[2] Siehe auch unter **Roteisenstein** S. 72!

Name Chem. Zus.	Farbe	Strich	Härte ——— Dichte	Kristall- system	Ausbildung der Kristalle
I. B. 5. Rest; Übrige					
Graphit C	stahlgrau bis schwarz	grau- schwarz (schimmernd)	1 ——— $2\cdot1-2\cdot2$	hex.	dünntafelig. blättrig, schuppig
Molybdänglanz Molybdänit MoS_2	bleigrau mit Stich ins Rötliche	dunkelgrau; feinst zer- rieben etwas lauchgrün	$1-1^1/_2$ ——— $4\cdot7-4\cdot8$	hex.	×× schlecht ausge- bildet, meist nur flache hex. Tafeln, selten mit Prismen und Pyramiden
Sylvanit $AuAgTe_4$	silberweiß, gelblich, grau	grau (glänzend)	$1^1/_2-2$ ——— $8-8\cdot3$	mon. ×× klein	tafelig, kurznadelig spießig; längsgestreift
Silberglanz Argentit **(Akanthit)** Ag_2S	dunkelbleigrau bis eisenschwarz; matt schwärzlich anl.	dunkel- bleigrau (glänzend)	$2-2^1/_2$ ——— $7\cdot3$	kub. und rhomb.	meist Würfel; daneben Oktaeder, Rhombendod., Ikosi- tetraeder. Rhom- bische Tracht ist spießig = **Akanthit**
ged. Silber Ag (mit Gehalt an Au, Cu, Hg)	silberweiß; fast stets gelblich bis braun, grau bis schwarz anl.	silberweiß (glänzend)	$2^1/_2-3$ ——— $9\cdot6-12$	kub.	vorh. Würfel, dann Oktaeder. ×× oft verzerrt
Matacinnabarit HgS	schwarz	schwarz	3 ——— $7\cdot7-7\cdot8$	kub. ×× selten und klein	pos. u. neg. Tetraeder, Rhombendod.
Arsen Scherbenkobalt As	hell- bis bleigrau; schwarz anl.	schwarz	$3-4$ ——— $5\cdot4-5\cdot9$	trig.	nat. ×× selten und schlecht entwickelt, würfelähnlich, rhomboedrisch, schuppig, nadelig
Ged. Platin Pt [1]	silberweiß bis stahlgrau	silberweiß (glänzend), grau	$4-4^1/_2$ ——— $14-19$ reinst $21\cdot5$	kub. ×× selten	vorh. Würfel

Hierher geкören: **Hessit** (Ag_2Te) und **Petzit** (Ag_2Te mit Goldgehalt), **ged. Tellur, Quecksilber**

[1] Stets mit Fe (bis $20^0/_0$) = **Eisenplatin,** ferner Gehalt an übrigen Platinmetallen.

Spaltbarkeit — Bruch	Aggregate	Chem. Verhalten	Bemerkungen; Begleiter
v. (0001	blättrige, strahlige, schuppige, dichte Massen, seltener rosettenartige Gruppen; eingesprengt, dendritisch	unschmelzbar. Durch Verunreinigungen oft S-Gehalt	fettig anzufühlen, abfärbend. ×× Mtgl., dichte Massen matt. In regional- oder kontaktmetamorphen Gest. sehr verbreitet. Derb-schuppige Aggr. gangfüllend (Ceylon). Selten in Erstarrungsgestein
v. (0001)	krummblättrig, schuppig bis dicht	unschmelzbar Mo-Perle! Färbt die Flamme gelbgrün	Blättchen biegsam. Mit Quarz, Zinnstein, Wolframit. Arsenkies auf Zinnerzlagerst. Mit Magnetit, Pyroxen, Amphibol in Kontaktgest.
v. (010	kurznadelige, schuppige, gestrickte, schriftähnliche Gruppen	schmilzt v. d. L. Mit heißer H_2SO_4 Rotfärbung der Lösung. In HNO_3 unter Abscheidung von Au löslich	auf Goldgängen mit Zinkblende, Nagyagit, Hessit, ged. Gold und Tellur, Pyrit, Quarz u. a. Dendriten auf Ergußgest.
—	derb, eingesprengt, zahnförmig, spießig, haarförmig, gestrickt, plattig, Bleche. Als „**Silberschwärze**" pulverig, rußähnlich	leicht schmelzend; in konz. HNO_3 unter Abscheidung von S löslich. In HCl unter Abscheidung von AgCl löslich	geschmeidig und prägsam wie Blei. Bleche und Platten biegsam. Mit Silbererzen; ferner mit Pyrit, Markasit, Zinkblende, Fluorit, Siderit, Calcit u. a. Als Pseudomorphosen nach ged. Silber auch drahtförmig
— — hakig	derb, blechförmig, gestrickt, drahtig, moosartig, haarförmig, angeflogen; in löcherigen Klumpen	leicht schmelzbar. In HNO_3 löslich. In HCl unter Abscheidung eines weißen Niederschlages löslich	geschmeidig; Bleche biegsam. Vork. auf Erzgängen mit anderen Ag-Mineralen wie Proustit, Pyrargyrit u. a., ferner mit Bleiglanz Baryt, Siderit, Calcit, Manganspat usw. Bleche auf Mansfelder Kupferschiefer
	Drusen sehr kleiner ×× oder nur als pulveriger Anflug		Begl. wie Zinnober
v. (0001)	derb, schalig, nierig, glaskopfartig (**Scherbenkobalt**) plattig, dicht, eingesprengt	verflüchtigt v. d. L.	auf Gängen mit As-hältigen Silber-, Nickel- und Kupfererzen.
— — hakig	Körner, löcherige unregelmäßige Klümpchen, Blättchen	unschmelzbar, nur in Königswasser löslich	dehnbar; selten kleine Körner eingewachsen in Olivenfels; meist auf Seifen

und **Amalgam, Sperrylith** ($PtAs_2$) u. a.

Name Chem. Zus.	Farbe	Strich	Härte Dichte	Kristall- system	Ausbildung der Kristalle
Uranpecherz Pechblende Uraninit UO_2	Glanz fettig; pechschwarz, ins grünliche, bräunliche oder graue spielend	schwarz, bräunlich, dunkelgrün	4—6 ——— 9—9·7	kub. ×× selten	vorh. Würfel oder Oktaeder; Zw. nach (111)
Perowskit $CaTiO_3$ s. auch S. 124!	braun, rotbraun bis bräunlichschwarz	weiß bis grau	5½ ——— 4·02—4·04	pseudokub. (mon.)	in krist. Schiefern vorh. Würfel, in Erstarrungsgest. Oktaeder; Würfel gestreift
Zinnstein Kassiterit, Zinnerz SnO_2 s. auch S. 140!	dunkelrotbraun bis schwarz	hellbraun, gelb	6—7 ——— 6·8—7·1	tetr.	säulig, nadelig bis spießig, spitzpyra- midal; oft Zw. (Visier- graupen)

II. Gemeinglänzende und halbmetallisch-

1. Pb+ oder Bi+ (gelber Beschlag)   **A. von**

Name Chem. Zus.	Glanz Farbe	Strich	Härte Dichte	Kristall- system	Ausbildung der Kristalle
Rotbleierz Krokoit $PbCrO_4$	fettartiger Diamantgl. ——— gelblichrot (morgenrot), hyazinthrot	pomeranz- gelb	2½—3 ——— 5·9—6	mon.	prismatisch, lang- gestreckt bis nadelig; ×× z. T. hohl; in der Längsrichtung gerieft
Vanadinit $Pb_5Cl\,(VO_4)_3$	Fettgl., Diamantgl. ——— gelb, braun, orangerot, rubin- rot	blaßgelb bis bräunlich, (rötlich) gelb	3 ——— 6·8—7·1	hex.	kurzsäulig, seltener pyramidal. ×× meist klein
Descloizit [1] Pb (ZnCu) [(OH) VO₄]	fettiger Glasgl., Harzgl., Diamantgl. ——— braun, braunrot, rot bis fast schwarz; bräunlichgrün	pomeranz- gelb, gelbgrau	3½ ——— 5·5—6·2	rhomb.	säulig, pyramidal ×× gew. sehr klein

Wulfenit ($PbMoO_4$) mit blaßgelbem bis weißem Strich s. S. 90! **Pyromorphit** mit blaßgelbem Strich
Hierher gehören: **Mennige** (Pb_3O_4), **Walpurgin** ($Bi_{10}[(OH)_2\,(UO_2)_3\,(AsO_4)_4]$. $4H_2O$, **Pucherit**

[1] Cu-reicher D. = **Cuprodescloizit,** Cu-armer = **Mottramit**

Spaltbarkeit / Bruch	Aggregate	Chem. Verhalten	Bemerkungen; Begleiter
— / musch.	derb, dicht, schalig, nierenförmig	unschmelzbar. In warmer HNO_3 und H_2SO_4 löslich; färbt die Borax-Oxyd-Perle gelb	kein Mtgl.! Pechglanz, Fettglanz. Vork. u. Begl. s. S. 84!
(100)	aufgewachsen, eingewachsen	nur in heißer H_2SO_4 zersetzbar Ti+	in dünnen Schichten braun durchscheinend; nur schwarze ✕✕ Mtgl., sonst Diamantglanz. In Chloritschiefern und krist. Kalken größere ✕✕, sonst meist mikroskopisch klein
(100)	derb, körnig	unschmelzbar, von Säuren nicht angreifbar Sn +	Glanz ist halbmetallisch! Vork. u. Begl. s. S. 141!

glänzende Minerale mit farbigem Strich
gelbem Strich

Spaltbarkeit / Bruch	Aggregate	Chem. Verhalten	Bemerkungen; Begleiter
v. (110) / musch. bis uneben	gew. Drusen; auch derb, eingesprengt, Anflug	zerknistert v. d. L. u. schmilzt leicht; in HCl unter Bildung von $PbCl_2$ löslich, in KOH braun werdend, dann löslich. Cr+	mit Bleiglanz, Bindheimit, Quarz, Limonit, Vauquelinit; Splitter schwach pleochroitisch
	Drusen, auch derb, traubig, nierig	leicht schmelzend; in HNO_3 leicht löslich; Cl+, V+ (Perle); öfter P+. As+	Drusen auf Kalkstein und Dolomit in Bleiglanzlagerst. mit Pyromorphit, Descloizit u. a.
	Krusten kleiner ✕✕, traubig-warzige Überzüge	schmilzt v. d. L. In verdünnten Säuren löslich z. T. Cu+, V+(Perle) Zn+	im Ausgehenden von Pb-Zn-Cu-Lagerst. Häufige Begl.: Quarz, Limonit, Pyromorphit, Vanadinit

s. S. 90!
(Bi [VO_4]) u. a.

Name Chem. Zus.	Glanz ——— Farbe	Strich	Härte ——— Dichte	Kristall- system	Ausbildung der Kristalle
Carnotit $(KNaCaCuPb)_2$ $[(UO_2)_2 (VO_4)_2]$ $3H_2O$	matt ——— kanariengelb bis grünlichgelb	blaßgelb	um 4 ——— 4·5	rhomb.	nur kleine Körnchen; pulverig

II. A. 2. Pb−, Bi−; P+

Name Chem. Zus.	Glanz ——— Farbe	Strich	Härte ——— Dichte	Kristall- system	Ausbildung der Kristalle
Autunit[1] Kalkuranglimmer $Ca[UO_2/PO_4]_2$. $8 H_2O$	Glasgl., auf (001) Perlmuttergl. ——— grüngelb, schwefelgelb; ausgebleicht heller	schwefelgelb[1]	2 ——— 3—3·2	pseudotetr. rhomb.	dünntafelig, schuppig
Delvauxit $Fe_2^{III}[(OH)_3/PO_4]$. $3^1/_2 H_2O$	fettartiger Glasgl. ——— hellbraun bis rotbraun	gelb	$2^1/_2$ ——— 2—3	amorph.	———
Triplit Eisenpecherz $(FeMn)_2[F/PO_4]$	fettartiger Glasgl. ——— braun, braunrot, rot bis schwarz	blaßgelb bis gelblichgrau	$4^1/_2$—5 ——— 3·5—3·9	——	nur derb

Kraurit mit gelbgrünem Strich, siehe bei grünem Strich!
Hierher gehört: **Kakoxen** $Fe_2^{III}[(OH)_3/PO_4]$. $4^1/_2 H_2O$).

II. A. 3. Pb −, Bi −, P −; As+

Name Chem. Zus.	Glanz ——— Farbe	Strich	Härte ——— Dichte	Kristall- system	Ausbildung der Kristalle
Realgar Rauschrot AsS	Diamantgl. Fettgl. bes. auf frischem Bruch ——— rot (morgenrot)	pomeranzgelb	$1^1/_2$—2 ——— 3·5—3·6	mon.	kurz- bis langprismatisch, selten nadelig
Auripigment Rauschgelb As_2S_3	Fettgl., Perlmutterglanz ——— zitronengelb	zitronengelb	$1^1/_2$—2 ——— 3·4—3·5	pseudorhomb. mon.	schlechte Ausbildung; kurzsäulig bis linsenförmig
Pharmakosiderit Würfelerz $Fe_3^{III}[(OH)_3/AsO_4)_2]$. $5 H_2O$	diamantartiger Glasgl. ——— lauchgrün, gelb bis braun, z. T. braunrot bis hya- zinthrot	gelb oder hellgrau	$2^1/_2$ ——— 2·9—3	kub.	Würfel und Tetraeder

Hierher gehören: **Trögerit** $[(UO_2)_3/(AsO_4)_2]$. $12 H_2O$, **Olivenit** $(Cu_2[OH/AsO_4]$.

[1] Ähnlich ist der **Uranocircit** $Ba[UO_2/PO_4]_2$. $8 H_2O$, schmutzig bis grünlichgelb auf Quarzgängen.
gegen diesen!

Spaltbarkeit / Bruch	Aggregate	Chem. Verhalten	Bemerkungen; Begleiter
	als Imprägnation in Sandstein, Kalkstein; pulverig, auch nierig-traubig, Krusten, Überzüge	schwer schmelzbar; mit HCl blutrote Lösung, die beim Erhitzen entfärbt wird. Charakt. Kennzeichen! H_2O+, $U+$	als Imprägnation in Sandstein und Kalkstein
v. (001) (100)	schuppenartige Gruppen, Anflug	in HNO_3 grüne Lösung. Boraxperle grüngelb fluoreszierend; H_2O+	in Graniten, Pegmatiten mit Uranerzen, Uranocker, Fluorit, Quarz, Limonit. Fluoresziert sehr stark im U-V-Licht
——— musch.	große nierige Knollen	zerknistert v. d. L. und schmilzt zur schwarzen Schlacke $Fe+$, H_2O+	in Verwitterungszonen von Eisenerzlagerst. u. a. Vork.
nach zwei aufeinander senkrechten Richtungen ——— musch.	nur derb, körnig und dicht	leicht zur magnetischen Kugel schmelzbar. In HCl löslich $Fe+$ oder $Mn+$, $Fe+$	auf Gängen in Graniten und Pegmatiten mit Beryll, Apatit, Quarz, ged. Wismut, Zinnstein u. a.
(010) ——— musch.	derb, körnig, dicht; eingesprengt, als Anflug	in KOH löslich, gibt im Kölbchen rotes Sublimat	auf Erzgängen mit Auripigment, Arsen- und Bleierzen u. a. mit Auripigment in Tonen, Phylliten, Kalksteinen. Selten als Sublimationsprodukt
s. v. (010)	derb, breitstengelig, radialstrahlig, plattig, nierig; als Anflug mehlig; schalige Knollen	in KOH löslich, gibt im Kölbchen gelbes Sublimat	wie Realgar
(100)	derb, körnig	schmilzt zur magnetischen Perle $Fe+$, H_2O+	mit Limonit, Arsenkies

Ähnlich ist auch **Saleit** $Mg[UO_2/PO_4]_2 \cdot 8 H_2O$, oft mit Torbernit verwachsen. Vergleiche Unterschied

II. A. 4. Pb—, Bi—, P—, As—; S+

Name chem. Zus.	Glanz ——— Farbe	Strich	Härte ——— Dichte	Kristall- system	Ausbildung der Kristalle
Schwefel S	Diamant- bis Fettgl. ——— „schwefelgelb", honiggelb (Stich ins Grüne), orangerot, braun, graubraun	blaßgelb	< 2 ——— 2·0—2·1	rhom.	pyramidal oder sphenoidisch, selten dicktafelig
Greenockit CdS	×× diamant-artiger Fettgl. ——— honigbraun, pomeranzgelb bis braun	gelb	$3-3\frac{1}{2}$ ——— 4·9—5·0	hex. ×× selten und klein	pyramidal bis mehr oder weniger tafelig
Zinkblende [1] Blende, Sphalerit ZnS	Diamantgl., Fettgl., z. T. metallisch ——— gelb, kolophoniumbraun, rot **(Rubinblende)**, grün [1]	gelb in verschiedener Schattierung bis lederbraun	$3\frac{1}{2}-4$ ——— 3·9—4·2	kub.	tetraedrisch, pseudooktaedrisch, rhombendodekaedrisch Zw. nach (111)
Wurtzit Strahlenblende ZnS	Diamantgl., z. T. Perlmuttergl. ——— licht- bis dunkelbraun	graugelblich, gelblichbraun, lichtbraun	$3\frac{1}{2}-4$ ——— 4·0	hex.	gut entwickelte ×× sehr selten; im allg. nur schlecht ausgebildet

Hierher gehören: **Zippeit** ($UO_3 . SO_4$) mit H_2O, **Uranopilit** ($6UO_3 . SO_4$) mit H_2O; **Sideronatrit,**

II. A. 5. Übrige

Name chem. Zus.	Glanz ——— Farbe	Strich	Härte ——— Dichte	Kristall- system	Ausbildung der Kristalle
Nontronit $Fe_2^{III}(OH)_2[Si_4O_{10}]. nH_2O$	fettartig, matt ——— strohgelb bis zeisiggrün (gelbgrün)	schwefelgelb bis gelbgrünlich	um 1 ——— $\sim$ 2·3	krypto-krist.	
Rotzinkerz Zinkit ZnO	diamantartiger Glasgl. ——— blutrot, hyazinthrot, künstl. ×× farblos, grünlichgelb, honigbraun	pomeranzgelb, rötlichgelb, bräunlichgelb	$4\frac{1}{2}-5$ ——— 5·4—5·7	hex. nat. ×× selten	
Nadeleisenerz [2] Samtblende, Lepidokrokit FeO . OH	Diamantgl., Seidengl. z. Z. metallartig ——— lichtgelb bis schwarzbraun	gelbbraun bis braun	$5-5\frac{1}{2}$ ——— um 4·3	rhomb.	prismatisch mit Längsriefung, nadelig, haarig

[1] Über schwarzbraune, fast metallisch glänzende Z. s. S. 52! Über hellgefärbte bis farblose s. S. 96!

Spaltbarkeit / Bruch	Aggregate	Chem. Verhalten	Bemerkungen; Begleiter
— / musch.	derb, körnig, knollig; mehlige Krusten u. Anflüge, eingesprengt	verbrennt mit blauer Flamme	selbständige Lager in Mergeln, Tonen, Gips, mit Aragonit, Coelestin, Calcit u. a. Sublimationsprodukt auf Laven
	fast nur als pulveriger Beschlag auf Cd-haltiger Zinkblende	in HCl unter Abscheidung von S löslich. Cd+ (Beschlag!)	Begl.: Zinkblende, Bleiglanz, Prehnit u. a.
v. (110)	grob- bis feinkörnig, nur selten strahlig; dicht, schalig-nierige Massen = **Schalenblende** oder **Leberblende**	schwer schmelzbar; zerknistert v. d. L. Zn+ (wenn eisenreich dann schwierig), S+	bes. auf hydrothermalen Erzgängen z. B. auf Blei-Zinkerzgängen u. v. a.
— / $(10\bar{1}0)$ u. (0001)	strahlig bis faserig; feinfaserige dichte niedrig-schalige Massen=**Schalenblende** (**Leberblende**) z. T.	schwer schmelzbar Zn+, S+	Vork. wie Zinkblende

Fibroferrit, Copiapit, Amaranthit sind Sulfate mit H_2O, ferner **Jarosit** ($K_2SO_4 . 3Fe_2SO_4 . 6H_2O$).

	derbe, dichte bis feinfaserige Massen	unschmelzbar; bläht sich v. d. L. nicht auf; durch Säuren zersetzbar	in Graphitgneisen u. a. Vork. mit Limonit, Opal, Baryt **Chloropal** ist opalreicher N.
	körnig, spätig	unschmelzbar, in Säuren löslich Zn+, oft auch Mn+	in met. Kalksteinen mit Franklinit, Willemit, Rhodonit u. a.
v. (010)	strahlig-faserig, radialfaserig, auch derb, feinkörnig, dicht, pulverig. Als Pseudomorphose z. B. nach Pyrit, Siderit	kaum schmelzbar; wird nach dem Glühen magnetisch; In HCl nur langsam löslich H_2O+, Fe+	im Ausgehenden von Eisenerzlagerst. **Samtblende** = braune oder gelbe nierige bis kugelige Gebilde mit seidenartigem Bruch. Bei met. glänzenden ×× Ähnlichkeit mit Manganit. Dünne Splitter braun oder gelb durchscheinend

[2] Über **Gelbeisenerz, Xanthosiderit,** gelbe bis braune Massen von Eisenoxydhydrat siehe bei Limonit S. 68!

Name Chem. Zus.	Glanz ——— Farbe	Strich	Härte ——— Dichte	Kristall- system	Ausbildung der Kristalle
Rubinglimmer [1] Goethit $FeO . OH$	Diamantgl., z. T. metallisch schillernd ——— gelb, braun, rot in versch. Tönen bis schwärzlichbraun	gelbbraun, rötlichbraun, braun	5 ——— 4·0	rhomb.	dünne Blättchen
Jaspopal $SiO_2 + aq$ mit Eisengehalt	fettartiger Glasgl. ——— gelb, braun, rot in versch. Tönen bis schwärzlich- braun	blaßgelb	5—6	amorph	—

Basaltischer Augit und **Basaltische Hornblende**, monoklin, prismatisch entwickelte ×× von Härte

Name Chem. Zus.	Glanz ——— Farbe	Strich	Härte ——— Dichte	Kristall- system	Ausbildung der Kristalle
Rutil TiO_2	Diamantgl., Fettgl., oft metallartig ——— braunrot in versch. Tönen, seltener gelblich, gelbbraun; schwarz = **Nigrin**	blaßgelblich bis blaß- bräunlich	6—6½ ——— 4·2—4·3	tetr.	dicksäulig, langsäulig bis nadelig. Häufig Zw. Oft längs- gestreift
Brookit TiO_2	metallartiger Diamantgl. ——— gelb, braun, rot- braun bis schwarz (= **Arkansit**)	gelblich bis bräunlich	5½—6 ——— 3·9—4·2	z. T. pseu- dohex. rhomb.	flach- bis dünn- tafelig, seltener prismatisch oder pseudohex. bipyramidal (Arkansit)
Zinnstein Zinnerz, Kassiterit SnO_2	metallartiger Diamantgl.; auf Bruchflächen fettartig ——— vorw. braun bis braunschwarz, seltener gelb, grünlich, grau, hyazinthrot	gelblich	6—7 ——— 6·8—7·1	tetr.	kurzsäulig, lang- säulig bis nadelig, spießig; auch spitz- pyramidal. Häufig Zw. gelartig, kryptokrist. = **Holzzinn**

Vergl. auch **Gelbeisenerz. Xanthosiderit** S. 69! **Astrophyllit** siehe bei braunem Strich! **Anatas**
Hierher gehören ferner: **Gelberde, Jodsilber (Jodargyrit), Uranotil** u. a.

1. Mn+   **II. B. Von braunem (gelbbraunem),**

Name Chem. Zus.	Glanz ——— Farbe	Strich	Härte ——— Dichte	Kristall- system	Ausbildung der Kristalle
Wad Manganschaum MnO_2 mit H_2O und Verunreinigungen	matt ——— braun bis eisenschwarz	braun bis schwärzlich- braun (glänzend)	um 1	krypto-krist.	—

Astrophyllit, Glasgl. halbmet. z. T. Perlmuttergl., gelbbraun, bronzebraun, goldgelb, von gelbbraunem

---

[1] Über **Gelbeisenerz, Xanthosiderit,** gelbe bis braune Massen von Eisenoxydhydrat siehe bei

Spaltbarkeit / Bruch	Aggregate	Chem. Verhalten	Bemerkungen; Begleiter
v. (010)	rosettenartige Gruppen, glaskopf- artig; pulverig	wie Nadeleisenerz	Vork. wie Nadeleisenerz, nur seltener. Dünne Täfelchen gelb oder rotbraun durchsichtig
— / musch.	derbe, musch. bre- chende Massen	unschmelzbar, in Säuren unlöslich	vergl. bei Opal S. 128!

5—6, mit Spaltwinkeln (110 : 1$\overline{1}$0) von 88⁰ bezw. 124⁰ und blaßgelbem Strich s. S. 114—120!

Spaltbarkeit / Bruch	Aggregate	Chem. Verhalten	Bemerkungen; Begleiter
v. (110) / musch. bis uneben	derb, strahlig, körnig	unschmelzbar, in Säuren unlöslich Ti+	bes. in Pegmatiten in Gabbro mit Apa- tit; auf alpinen Klüften (hier oft zarte Nadeln unter 60° sich kreuzend = **Sagenit**; feine Nadeln als Einschluß in Bergkristall; lose Körner in Sanden
	nur aufgewachsen	unschmelzbar, in Säuren unlöslich Ti+	auf alpinen Klüften mit Bergkristall, Anatas, Adular, Sphen u. a. Blättchen zeigen Kreuzung der Achsen- ebenen für Rot und Blau
(100)	derb, körnig; fein- faserige, konzen- trisch-schalige, glas- kopfartige Massen = **Holzzinn** Lose Körner in Sanden	unschmelzbar, von Säuren nicht an- greifbar Sn+	vorw. in Graniten (Greisen) mit Topas, Fluorit, Wolframit, Scheelit, Molybdän- glanz u. a. Lose Körner als „**Seifenzinn**"

siehe bei weißem Strich S. 124! **Epidot** ebenfalls S. 132! Vergl. ferner **Siderit** S. 94!

rötlichbraunem, schwärzlichbraunem Strich.

Spaltbarkeit / Bruch	Aggregate	Chem. Verhalten	Bemerkungen; Begleiter
—	meist erdig, schuppig; auch nierig, traubig, derb	unschmelzbar H_2O+	mit Psilomelan, Pyrolusit, Limonit, Si- derit

Strich, s. bei Fe+ S. 66!

Limonit S. 68!

Köhler, Bestimmen der Minerale.

Name Chem. Zus.	Glanz Farbe	Strich	Härte Dichte	Kristall- system	Ausbildung der Kristalle
Hauerit MnS_2	metallartiger Diamantgl.; gew. matt ——— rötlichbraun bis schwarzbraun	rötlichbraun	4 ——— 3·5	kub.	vorh. Oktaeder
Hausmannit Mn_3O_4	fettiger, unv. Metallgl. ——— eisenschwarz mit Stich ins Braune	braun, rötlichbraun	$5—5^1/_2$ ——— 4·7—4·8	tetr.	ein- und auf- gewachsene ×× pyramidal entwickelt; Zw. und Fünflinge wie Kupferkies
Wolframit $(FeMn) WO_4$	fettiger Diamantgl., unv. Metallgl. ——— dunkelbraun bis schwarz	braun bis braun- schwarz	$5—5^1/_2$ ——— 7·1—7·5	mon.	dicktafelig nach (100) oder prismatisch nach (110); auch nadelig, strahlig

Limonit s. bei Fe+ S. 68!

Name Chem. Zus.	Glanz Farbe	Strich	Härte Dichte	Kristall- system	Ausbildung der Kristalle
Columbit und **Tantalit**	metallartiger Diamantgl., auch matt ——— braun bis schwarz	braun, bräunlichrot bis schwarz	6	s. S. 68!	
Braunit $3Mn_2O_3 . MnSiO_2$	halbmet. Gl. fettig ——— bräunlichschwarz bis eisenschwarz	braunschwarz bis schwarz	$6—6^1/_2$ ——— 4·7—4·9	pseudokub. tetr. ×× klein	oktaederähnlich

II. B. 2. Mn—; Fe+

Name Chem. Zus.	Glanz Farbe	Strich	Härte Dichte	Kristall- system	Ausbildung der Kristalle
Astrophyllit $X_2^{I-II} Y_4^{II-III} Z$ $[(OH), F) /Si_2O_7]_2$, wobei $X = K, Na. Ca$; $Y = Fe^{II}, Fe^{III}, Mn$, Al, Mg; $Z = Ti, Zr$	Glasgl., habmet. Gl., Perlmuttergl. ——— gelbbraun, bronzebraun, goldgelb	gelbbraun	$3^1/_2$ ——— 3·3—3·4	pseudohex. rhomb.	sechsseitige oder nach einer Achse gestreckte Tafeln u. Blättchen
Zinkblende ZnS, Fe-reich = **Christophit**	metallartiger Diamantgl. ——— dunkelbraun bis schwarz	braun (schwärzlich- braun)	4 ——— 4·0—4·2	kub.	keine gut ent- wickelten ×× s. S. 52!
Nadeleisenerz Samtblende, Lepidokrokit $FeO . OH$	Diamantgl., Seidengl., Samt- gl. z. T. met. ——— gelb bis schwarz- braun	siehe bei gelbem Strich S. 62!			

Spaltbarkeit / Bruch	Aggregate	Chem. Verhalten	Bemerkungen; Begleiter
v. (100)	körnig; selten stengelig	unschmelzbar. In HCl Entwicklung von H_2S $S+$	eingewachsen ×× in Gips, Ton; mit Schwefel, Calcit. In dünnen Splittern bräunlichrot durchscheinend
v. (001)	derb, körnig	unschmelzbar, in HCl unter Abscheidung von Cl löslich	mit Pyrolusit, Psilomelan, Braunit, Baryt, Calcit. Dünne Splitter rotbraun durchscheinend
v. (010)	körnig, stengelig, strahlig, blätterig	sehr schwer zur magnetischen Kugel schmelzbar. In HCl unter Abscheidung eines gelben Niederschlages löslich W l	mit Quarz, Turmalin, Zinnstein, Apatit, Fluorit, Molybdänglanz u. a. Dünne Splitter rotbraun durchscheinend
(111)	derb, körnig, drusenartige Krusten bildend	unschmelzbar; in HCl unter Entwicklung von Cl löslich	mit Pyrolusit, Hausmannit
v. (001)	blättrig, rosettenartig, schuppig	schmilzt zur schwarzen magnetischen Perle; von HCl verschieden angreifbar $Fe+$, $Ti+$	in Eläolithsyeniten; mit Quarz, Kalifeldspat, Zirkon. Spröde! Spaltblättchen zeigen II. Mitt. α. Starker Pleochroismus, normal zur Spaltbarkeit dunkler als parallel dazu (Unterschied gegenüber Biotit)
v. (110)	derb, körnig, spätig	In HNO_3 unter Abscheidung von S löslich	Vork. u. Begl. siehe S. 63 l

Name Chem. Zus.	Glanz —— Farbe	Strich	Härte —— Dichte	Kristall- system	Ausbildung der Kristalle
II. B. 2. Mn −, Fe +					
Rubinglimmer Goethit $FeO . OH$	diamantglänzend, z. T. metallisch schillernd, gelb, braun, rot bis schwarzbraun,				
Limonit Brauneisenerz Fe_2O_3 mit 1—2 H_2O und Verunreinigungen	schwacher Glasgl., fettig, schimmernd, seidig oder matt —— gelb bis dunkel- braun, z.T. bunt anl.	gelb, gelbbraun, rostbraun, dunkelbraun	um $5^1/_2$, erdig sehr weich —— um 3·7	krypto- krist.	—
Columbit Niobit (FeMn) Nb_2O_6 und **Tantalit** (FeMn)Ta_2O_6	metallartiger Diamantgl., Fettgl., auch matt —— braunschwarz bis eisenschwarz	braun, bräunlichrot bis schwarz	6 —— 5·3 bei C. 8·2 bei T.	rhomb.	meist dicktafelig (bes. bei C.), säulig bis nadelig (bes. bei T.)
Chromit Chromeisenerz $FeCr_2O_4$	unv. Metallgl., fettartig —— bräunlichschwarz bis eisenschwarz	braun	$5^1/_2$ —— 4·5—4·8	kub.	größere ×× selten; vorh. oktaedrisch, dann rhomben- dodekaedrisch
Ilmenit Titaneisenerz $FeTiO_3$	unv. Metallgl., fettartig oder matt —— schwärzlich- braun bis eisenschwarz	braun bis braunschwarz	5—6 —— 4·5—5·0	trig.	rhomboedrisch, dicktafelig, dünntafelig
II. B. 3. Übrige [1]					
Zinkblende Blende, Sphalerit ZnS Fe-reichen Christophit s. S. 52!	Diamantgl.,Fettgl. z. T. metallartig —— gelb, kolopho- niumbraun bis fast schwarz, grün; **Rubin- blende** = rot	gelb, braun	4 —— 3·9—4·2	kub.	tetraedrisch, pseu- dooktaedrisch, rhombendod. Zw. nach (111)
Wurtzit Strahlenblende ZnS	Diamantgl., z. T. Perlmuttergl. —— licht bis dunkel- braun	gelblich- braun, lichtbraun	$3^1/_2$—4 —— 4·0	hex.	gut entwickelte ×× sehr selten

[1] Vergl. ferner: **Eisenkiesel** S. 138; **Picotit** S. 134; **Rotkupfererz** S. 72! **Jaspopal** bei gelbem und
Bei rötlichem Ton des Striches siehe unbedingt auch bei rotem Strich!

Spaltbarkeit / Bruch	Aggregate	Chem. Verhalten	Bemerkungen; Begleiter

von braunem, gelbbraunem, rotbraunem Strich, s. bei gelbem Strich S. 64!

Spaltbarkeit / Bruch	Aggregate	Chem. Verhalten	Bemerkungen; Begleiter
	derb; fest oder locker, erdig, pulverig; nierig-traubig=**Brauner Glaskopf;** stalaktitisch, oolithisch=**Bohnerz;** zellig-porös=**Raseneisenerz. Überzüge.** Weiche erdige Massen, gelb = **Gelbeisenerz** (Xanthosiderit)	unschmelzbar; öfter Mn+; H_2O+	sehr verbreitet, oft mit Manganmineralen, Chalcedon, Baryt, Calcit u. a. Absätze in Sümpfen und Seen ist **Raseneisenerz.** Braune bis schwarze pechglänzende Massen, Cu-hältig = **Kupferpecherz**
(010)	meist eingewachsen; derb	unschmelzbar; von Säuren nicht angreifbar	in Granitpegmatiten und Graniten, in Kryolith. Splitter durchscheinend u. pleochroitisch
	eingesprengte Körner, Trümer; körnige, derbe Massen	unschmelzbar, in Säuren unlöslich; Cr+	in ultrabas. Gest. wie Serpentin, Bronzit- u. Olivinfels; auch in Mg-reichen krist. Schiefern u. Dolomiten
musch.	körnige Aggr.; eingewachsene plumpe ×× in Serpentin, lose Körner=**Iserin.** Rosettenartige Gruppen= „**Eisenrose**" z. T.	schwer schmelzbar; in HCl nur sehr schwer löslich Ti+	Gemengteil vieler bas. Gesteine. Dünne Blättchen braun durchscheinend, als Einschlüsse in Feldspat, Glimmer, Hypersthen u. a.
v. (110)	grob- bis feinkörnig, selten strahlig, dicht; schalig-nierig mit feinfaserigem Bruch = **Schalenblende** oder **Leberblende**	schwer schmelzbar; zerknistert v. d. L. Zn+, S+	Vergl. S. 63!
(10$\bar{1}$0) und (0001)	strahlig bis faserig; feinfaserige bis dichte, schalige Massen = **Schalenblende**	schwer schmelzbar Zn+, S+	Vork. wie Zinkblende

rotem Strich! **Perowskit** mit oft bräunlichem Strich siehe S. 58 u. 124!

Name Chem. Zus.	Glanz — Farbe	Strich	Härte — Dichte	Kristall- system	Ausbildung der Kristalle
Rutil TiO_2	Diamantgl., Fettgl., oft metallartig — braunrot; schwarz = **Nigrin**	blaßbraun, blaßgelb	6—6$^1/_2$ — 4·2—4·3	tetr.	dicksäulig, lang- säulig, bis nadelig; häufig Zw.
Brookit TiO_2	metallartiger Diamantgl. — braun, rotbraun bis schwarz **Arkansit)**	bräunlich, gelblich	5$^1/_2$—6 — 3·9—4·2	z. T. pseudohex. rhomb.	siehe S. 64!
Zinnstein Zinnerz, Kassiterit SnO_2	metallartiger Diamantgl., auf Bruchflächen fettartig — braun bis braunschwarz, hyazinthrot	bräunlich, gelbbraun	6—7 — 6·8—7·1	tetr.	siehe S. 64!

Hierher gehört: **Orthit,** chem. ähnlich Epidot, reich an seltenen Erden, pechschwarz bis braun.

1. Sb+   **II. C. mit rotem (gelb-**

Name Chem. Zus.	Glanz — Farbe	Strich	Härte — Dichte .	Kristall- system	Ausbildung der Kristalle
Rotspießglanz Antimonblende Kermesit Sb_2S_2O	diamantartiger Mtgl., Seidengl. — dunkel bläulich- rot, kirschrot, purpurrot	kirschrot, purpurrot	1—1$^1/_2$ — 4·5	mon.	nadelig bis haar- förmig
Feuerblende Pyrostilpnit Ag_3SbS_3	diamantartiger Perlmuttergl. — hyazinthrot, gelblichrot, rotbraun	gelbrot	2 — 4·2	mon. ×× klein	dünntafelig, span- förmig, nadelig
Pyrargyrit Dunkles Rotgültig- erz, Antimonsilber- blende Ag_3SbS_3	metallartiger Diamantgl., auch matt — dunkelrot, blei- grau mit rotem Stich bis schwärzlich	bläulichrot	2$^1/_2$—3 — 5·85	trig.	prismatisch, skalenoedrisch, rhomboedrisch, dick- tafelig, spießig, nadelig bis haarig

Spaltbarkeit / Bruch	Aggregate	Chem. Verhalten	Bemerkungen; Begleiter
v. 110) musch. bis uneben	derb, körnig; stengelig-strahlig	unschmelzbar; in Säuren unlöslich $Ti+$, (bei Nigrin $Fe+$)	Vork. u. Begl. siehe S. 65!
	nur aufgewachsen	wie Rutil	Vork. u. Begl. siehe S. 65!
(100)	derb, körnig'; feinfaserige, konzentrisch-schalige, glaskopfartige Massen = **Holzzinn.** Lose Körner in Sanden	unschmelzbar; von Säuren nicht angreifbar $Sn+$	Vork. u. Begl. siehe S. 65!

rotem, rotbraunem) Strich

Spaltbarkeit / Bruch	Aggregate	Chem. Verhalten	Bemerkungen; Begleiter
nach einer Richtung gut spaltbar	büschelige Gruppen; strahlig bis haarig	schmilzt leicht $S+$	auf Antimonerzgängen mit Antimonit, Valentinit, Antimonocker, Quarz
v. (001)	meist zu Gruppen, Büscheln, Rosetten vereinigt	schmilzt leicht $S+$, $Ag+$	seltener Begl. von Pyrargyrit, jedoch viel heller als dieser. Durchscheinend
(10$\bar{1}$0) musch. bis splittrig	derb, körnig, eingesprengt; als Anflug dendritisch auf Klüften	schmilzt leicht $S+$, $Ag+$	auf Silber- und Bleierzgängen mit Silbermineralen, Bleiglanz, Calcit u. a. In Splittern rot durchscheinend

Name Chem. Zus.	Glanz ――― Farbe	Strich	Härte ――― Dichte	Kristall- system	Ausbildung der Kristalle
II. C. 2. Sb−; S+					
Zinnober Cinnabarit HgS	Diamantgl. ――― ××chochenillerot; derb scharlach- rot, braunrot bis braun, bleigrau, stahlgrau bis schwarz	××choche- nillerot; derb scharlachrot	2−2½ ――― 8·1	trig. ×× selten u. meist klein	dicktafelig, würfel- ähnlich, trapezoedrisch, skalenoedrisch, kurz- säulig bis nadelig. Zw. mit hervor- stehenden Ecken
Proustit [1] Lichtes Rotgültigerz, Arsensilberblende Ag₃AsS₃	Diamantgl. ――― scharlachrot bis zinnoberrot, kermesinrot, **lichter** als Pyrargyrit, jedoch oberflächlich oft dunkler werdend	scharlachrot bis gelblich- rot (stets lichter als Pyrargyrit)	2½−3 ――― 5·57	trig. ähnlich dem Pyrargyrit, nur flächen- ärmer	prismatisch, skalenoedrisch, rhomboedrisch, dick- tafelig, spießig, nadelig bis haarig
Hauerit MnS₂	metallartiger Diamantgl., gew. matt rötlichbraun, schwarzbraun	rötlichbraun	4 ――― 3·5	kub.	vorh. Oktaeder
II. C. 3. Sb−, S−; Übrige					
Kobaltblüte Erythrin CO₃[AsO₄]₂ . 8 H₂O	Perlmuttergl., Diamantgl. ――― rosa bis pfirsich- blütrot; zersetzt: mehr grau	blaßrot	2−2½ ――― 2·95	mon.	×× gew. klein und nadelförmig, spanförmig, haarförmig, schuppig
Rotkupfererz Cuprit Cu₂O	metallartiger Diamantgl. ――― rötlichbleigrau, chochenillerot (als **Kupferblüte**), kermesinrot, rotbraun	braunrot bis blutrot	3½−4 ――― 5·8−6·2	kub.	Oktaeder, Rhom- bendod., Würfel, seltener andere Formen; haarförmig bei **Kupferblüte** (**Chalkotrichit**)
Hämatit [2] **Roteisenstein** **Roter Glaskopf** Fe₂O₃	gemeinglänzend, z. T. halbmet., matt; an Harni- schen Mtgl. ――― rot, rotbraun	rotbraun, blutrot, „kirschrot"	wechselnd 3−6, im allg. 4; erdig noch weicher ――― 5·2−5·3	kristallinisch	―――

[1] **Xanthokon** (Rittingerit) ist gleichfalls Ag₃SbS₃; mon. kleine ××, ähnlich der Feuerblende, orange-
gelb bis zinnoberrot. Seltener Begl. von Proustit.

Spaltbarkeit / Bruch	Aggregate	Chem. Verhalten	Bemerkungen; Begleiter
v. (10$\bar{1}$0)	derb, körnig, dicht, erdig; eingesprengt, Anflug. In bituminösen Ton-schiefern z.T. knollig	in Säuren nicht löslich; verflüchtigt v. d. L. Hg+	selbständige Gänge, Imprägnationen in bituminösen Tonschiefern, Sandsteinen; Begl.: Quarz, Chalcedon, Pyrit, Antimonit, Karbonate. Sb- oder As-Erze u. a.
(10$\bar{1}$1) / musch.	derb, eingesprengt; als Anflug dendritisch	schmilzt leicht As+, Ag+	auf Gängen mit Pyrargyrit mit Begl. wie letzterer; durchscheinend bis fast durchsichtig
v. (100)	körnig; selten stengelig	unschmelzbar; mit HCl Entwicklung von H_2S S+	✕✕ eingewachsen in Gips, Ton; mit Schwefel, Calcit. In dünnen Schichten bräunlichrot durchscheinend
s. v. (010)	büschelige, stern-förmige Gruppen; strahlig, blättrig, kugelig, nierig; erdig als Anflug	schmilzt zur grauen Kugel; in HCl löslich (Lösung blau, wenn konzentriert, rot, wenn verdünnt) Co+, As+, H_2O+	Zersetzungsprodukt von Co-Erzen. Opt. 2 −. Spaltblättchen zeigen I. Mitt. α u. Auslöschung nach der Längserstreckung (z-Achse) von 32° (nach γ). Pleochroitisch
(111) / musch. bis uneben	✕✕ meist aufge-wachsen, seltener eingewachsen, derb, körnig, dicht. **Kupferblüte**=faserig bis haarig	schwer schmelzbar u. schwarz werdend; in HCl u. HNO_3 löslich Cu+	mit Cu-Erzen, mit Malachit, Limonit, ged. Kupfer; häufig von Malachit überzogen oder völlig verdrängt. Pseudomorphosen nach ged. Kupfer. Gemenge mit Limonit = **Ziegelerz**
——	derb, dicht, stengelig bis faserig, schuppig, erdig, pulverig, oolithisch, nierig, stalaktitisch. Dünne Schuppen als Einschlüsse in Heulandit, Feldspat, Carnallit u. a.	v. d. L. geglüht magnetisch werdend; gepulvert in Säuren löslich Fe+	auf Gängen in verschiedenen Gest.; nierige, stalaktitische Formen = **Glaskopf**, dicht = **Blutstein**, derb bis erdig = **Roteisenstein**. Begl.: Limonit, Goethit, Eisenglanz, Eisenkiesel, Pyrolusit, Psilomelan u. a. Dünnste Täfelchen rotbraun durchscheinend

[2] Über metallglänzende eisenschwarze ✕✕ von Eisenglanz s. S. 54!

Name Chem. Zus.	Glanz —— Farbe	Strich	Härte —— Dichte	Kristall- system	Ausbildung der Kristalle
Jaspopal SiO_2 + aq	Glasgl., z. T. fettartig —— rotbraun, ziegelrot, blutrot	bräunlichrot bis ziegelrot	um 5$^1/_2$ —— 2—2·5	amorph	—
Columbit und Tantalit	mit metallartigem Diamantglanz, Fettgl., auch matt, braunschwarz mit bräunlich-				
Piemontit Mangan- epidot	Glasgl. —— rötlichschwarz, bräunlichviolett, schokolade- braun, rotbraun bis kirschrot	kirschrot, bläulichrot	6—6$^1/_2$ —— 3·4	mon.	undeutlich säulig bis stengelig
Eisenkiesel SiO_2	Glasgl., auch matt oder schimmernd —— braun, rot (durch Fe-Gehalt)	bräunlichrot bis rot	6$^1/_2$—7	pseudohex. trig.	sechsseitige Säulchen mit Doppel- pyramide

Hierher gehört: **Purpurit** $Mn^{III}[PO_4]$ mit H_2O.
Bei bräunlichem oder gelblichem Strich vergl. auch dort!

1. **P+**   **II. D. mit grünem**

Name Chem. Zus.	Glanz —— Farbe	Strich	Härte —— Dichte	Kristall- system	Ausbildung der Kristalle
Vivianit Blaueisenerz $Fe_3[PO_4]_2 . 8H_2O$	Glasgl., auf (010) Perlmuttergl. —— blau (in frischem Zustande weiß, farblos, färbt sich an der Luft sofort blau)	farblos, färbt sich an der Luft sofort blau	2 —— 2·6—2·7	mon.	langsäulig, spanförmig
Torbernit Kupferuranglimmer, Chalkolith Cu $[UO_2/PO_4P]_2 . 8H_2O$	Glasgl., Perlmuttergl. —— grasgrün, smaragdgrün	blaß$_3$rün	2—2$^1/_2$ —— 3·4—3·6	tetr.	quadratische dünne Täfelchen, Schuppen; selten pyramidal
Kraurit Dufrenit Grüneisenerz $Fe^{III}[(OH)_3/PO_4]$	Glasgl. z. T. Seidengl. —— dunkelgrün bis schwärzlichgrün (oberflächlich unfrisch braun oder gelb)	olivgrün, schmutzig- grün, unfrisch bräunlich- grün	3$^1/_2$—4 —— 3·3—3·5	rhomb. ×× sehr selten	×× wie gerundete Würfel

Spaltbarkeit / Bruch	Aggregate	Chem. Verhalten	Bemerkungen; Begleiter
	derbe Massen	unschmelzbar; in heißer KOH z. T. löslich $H_2O +$	Vork. siehe bei Opal S. 128! Begl.: Limonit, Hämatit

rotem Strich siehe unter braunem Strich S. 68!

Spaltbarkeit / Bruch	Aggregate	Chem. Verhalten	Bemerkungen; Begleiter
nach zwei chtungen	derb, stengelig, langstengelig	leicht zur Kugel schmelzbar; nach Glühen von HCl zersetzbar $Mn+$	auf Mn-Lagerst.; in manchen Gest. als Umwandlungsprodukt; mit Braunit, Pyrolusit, Quarz, Calcit. In dünnen Splittern durchsichtig und pleochroitisch
	derb, körnig, stengelig, knollig, dicht; Gerölle	unschmelzbar; in Säuren unlöslich	Vork. siehe bei Quarzgruppe S. 138! Begl.: Hämatit, Gips, Aragonit

oder blauem Strich

Spaltbarkeit / Bruch	Aggregate	Chem. Verhalten	Bemerkungen; Begleiter
v. (010) / manchmal faserig	strahlig-faserig; in Rosetten, Kugeln; nierig; oft krümelig bis erdig; Anflug	schmilzt leicht; in HCl löslich $Fe+$, H_2O+	✕✕ nur in Höhlungen von zersetztem Pyrit, Magnetkies, Siderit; sonst in Tonen, Raseneisenerz, dann erdig, pulverig. Auf fossilen Knochen und ·Muscheln aus Torfmooren = **Blaueisenerde** Vergl. auch S. 98!
v. (001) glimmerähnlich, jedoch spröde	einzeln aufgewachsen oder zu Büscheln aggregiert; schuppig, als Anflug	schmilzt zur schwarzen Masse; in HNO_3 löslich $Cu+$, H_2O+	mit anderen Uran-Mineralen, ferner mit Limonit, Hämatit, Japsis, Quarz, Fluorit. Blättchen opt. 1− Pleochroismus nur in Schnitten ⊥ zur Basis
—	fast stets radialfaserige, nierige, kugelige Aggr.= **Grüner Glaskopf.** Stengelig, faserig, derb	schmilzt zur schwarzen Kugel; in Säuren löslich $Fe+$	hauptsächlich mit Limonit, zus. mit anderen Phosphaten

Name Chem. Zus.	Glanz ——— Farbe	Strich	Härte ——— Dichte	Kristall- system	Ausbildung der Kristalle
Libethenit $Cu_2[OH/PO_4]$	Glasgl., Fettgl. ——— lauchgrün, smaragd.rün, olivgrün, schwarzgrün; außen oft schwärzlich	apfelgrün, olivgrün	4 ——— um 3·8	z. T. pseudokub. rhomb.	kurzsäulig, pyramidal, oktaederähnlich

Hierher gehören: **Vauquelinit** $= 2$ $(PbCu)CrO_4$. $(PbCu)_3P_2O_8$ und **Phosphorochalcit** $Cu_3[(OH)_3/PO_4]$

II. D. 2. P—; As+

Name Chem. Zus.	Glanz ——— Farbe	Strich	Härte ——— Dichte	Kristall- system	Ausbildung der Kristalle
Lirokonit Linsenerz Cu_9Al_4 $[(OH)_3/AsO_4]_5$. $20 H_2O$	Glasgl., Bruch Fettgl. ——— himmelblau, blaugrau bis grün	blaß bläulichgrün	$2—2^1/_2$ ——— um 2·9	mon. ×× klein	flachpyramidal mit scharfen Kanten bis linsenförmig
Annabergit Nickelblüte $Ni_3[AsO_4]_2$. $8H_2O$	matt oder schimmernd, z.T. perlmutterartig ——— apfelgrün, grünlichweiß	blaßgrün	$2^1/_2$ ——— 3—3·1	mon. ×× selten	kristallinisch; sehr selten Kristallformen
Pharmakosiderit Würfelerz $Fe^{III}_3[(OH)_3/AsO_4]$. $5H_2O$	starker Glasgl. z.T. diamantartig ——— lauchgrün ins Gelbliche und Braune, schmutziggrün, an den Rändern z. T. braunrot	gelblichgrün	$2^1/_2$ ——— 2·9 — 3·0	kub.	kleine Würfel (mit Oktaeder)
Euchroit $Cu_2[OH AsO_4]$. $3H_2O$	Glasgl. ——— smaragdgrün, außen oft lauchgrün	bläulichgrün, spangrün	$3^1/_2$ ——— 3·3	mon.	kurzprismatisch

Hierher gehören: **Tirolit** $= Cu_5[(OH)_5AsO_4]$. $7H_2O$,   **Chalkophyllit** $= Cu_4[(OH)_5/AsO_4]$. $3^1{}_2H_2O$.

II. D. 3. P—, As—; Ni+

Name Chem. Zus.	Glanz ——— Farbe	Strich	Härte ——— Dichte	Kristall- system	Ausbildung der Kristalle
Zaratit Nickelsmaragd Texasit $Ni_3[(OH)_4/CO_3]$. $4H_2O$	Glasgl., Fettgl. ——— smaragdgrün	blaß smaragdgrün	$3—3^1/_2$ ——— 2·6 — 2·7	amorph	—
Garnierit Numeait $H_4(NiMg)_3Si_2O_{11}$	schimmernd bis matt ——— grün, blaugrün	blaßgrün	2—4 ——— 2·2 — 2·7	kryptokrist.	—

Spaltbarkeit / Bruch	Aggregate	Chem. Verhalten	Bemerkungen; Begleiter
— / musch. bis uneben	Einzelkristalle aufgewachsen oder in Drusen; nierig-kugelig	schmilzt zur schwarzen Masse; in HCl u. HNO_3 grüne oder blaue Lösung, in NH_3 dunkelblaue Lösung	mit Quarz, Limonit, Azurit, Malachit, Rotkupfererz u. a.
	aufgewachsene Gruppen u. Drusen, auch derb	wird v. d. L. grün u. schmilzt leicht zu grauem Glas; in HNO_3 löslich Cu^+, H_2O+	mit Limonit, Kupferkies, Malachit, Quarz u. a.
	erdig, pulverig, meist nur Anflug; kugelige Überzüge, dicht	schmilzt leicht; in HCl löslich Ni+(z. T. Co+), H_2O+	Auf Ni- u. Co-Erzen mit Kobaltblüte (rosa), Pharmakosiderit, Siderit, Calcit, Baryt. Mg-hältig = **Cabrerit** auf Dolomit, Calcit, mit Ton, Quarz
	aufgewachsene Kristallgruppen u. Krusten; erdig	schmilzt unter Aufblähen zur magnetischen Kugel; erdiger Ph. mit NH_3 befeuchtet wird braun, mit HCl befeuchtet wieder grün Fe+, H_2O+	mit As-haltigen Kiesen; Begl.: Limonit, Quarz, Skorodit; mit Fahlerz, Kupferkies, Malachit. Optisch insotrop mit anormaler Felderteilung
(110) / uneben bis musch.	aufgewachsene ×× u. Krusten	schmilzt unter Aufglühen; im Kölbchen gelbgrün werdend Cu+, H_2O+	spröde!×× zerbrechen leicht; mit Limonit u. Quarz, oft von Olivenit begleitet. Ähnlich dem Dioptas

Klinoklas = $Cu_3[(OH)_3/(AsO_4)_2]$. $5H_2O$ und **Olivenit** = $Cu_2[OH/AsO_4]$, z. T. mit grüngelbem Strich!

Spaltbarkeit / Bruch	Aggregate	Chem. Verhalten	Bemerkungen; Begleiter
	Krusten, Anflug, stalaktitisch, kugelig, erdig	unschmelzbar; in HCl unter Aufbrausen grüne Lösung H_2O+, CO_2+	auf Nickelerzen, auf Chromit
	derbe, nierige Massen	fast unschmelzbar; H_2O+	in zersetztem Ni-haltigen Serpentin mit Opal, Chalcedon, Magnesit, Gymnit

Name Chem. Zus.	Glanz ——— Farbe	Strich	Härte ——— Dichte	Kristall- system	Ausbildung der Kristalle
Genthit Nickelgymnit $Mg_4Si_3O_{11}$ +aq mit Ni bis 30%	Glasgl., Fettgl. ——— grün, gelblich, bräunlich	blaßgrün bis blaßgelblich	3—4 ---- um 2·4	amorph kryptokrist.?	—

Hierher gehören: **Röttisit** = Ni-Al-Silikat, amorph; **Komarit** (Konarit) verhält sich wie Röttisit, ist

II. D. 4. P—, As—, Ni—; Cu+

Name Chem. Zus.	Glanz ——— Farbe	Strich	Härte ——— Dichte	Kristall- system	Ausbildung der Kristalle
Kyanotrichit Lettsomit, Kupfer- samterz $Cu_4Al_2[(OH)_{12}/SO_4]$. $2H_2O$	Seidengl., samt- artig ——— himmelblau, smalteblau, azurblau	licht himmelblau	? ——— 2·7—2·9	rhomb.	nur feine Fasern
Linarit Bleilasur $PbCu[(OH)_2/SO_4]$	diamantartiger Glasgl. ——— lasurblau	lasurblau, hellblau	$2^1/_2$ ——— 5·3—5·5	mon. ×× meist klein	kurznadelig, tafelig
Atakamit Salzkupfererz $CuCl_2 . 3 Cu(OH)_2$	diamant- oder fettartiger Glasgl. ——— lauchgrün, gras- grün, smaragd- grün bis schwärzlichgrün	smaragdgrün	$3—3^1/_2$ ——— 3·76	rhomb.	prismatisch mit (110) u. einfachem Kopf. Gerieft; nadelig, haarig, pyramidal
Boleit[1] $5PbCl_2 . 4Cu(OH)_2 .$ $AgCl . 1^1/_2H_2O$	Glasgl. bis Perlmuttergl. ——— berlinerblau, schwärzlich	grünlich- hellblau	$3—3^1/_2$ ——— 5	pseudokub. tetr.	Würfel mit An- deutung von Oktaedern oder Rhombendod.
Dioptas $Cu_3[Si_3O_9] . 3H_2O$	Glasgl. ——— smaragdgrün	bläulichgrün	5 ——— 3·3	trig.	kurzsäulige, sechs- seitige Prismen mit Rhomboedern

Hierher gehören: **Serpierit** (CuZnCa) $(SO_4) . 3H_2O$, **Herrengrundit** = $2SO_4 . Cu(OH)_2 . Ca(OH)_2$.

II. D. 5. Übrige a) Härte bis 4

Nontronit, fettartig, matt, von strohgelber bis zeisiggrüner Farbe und gelblichgrünem Strich, vergl.

Name Chem. Zus.	Glanz ——— Farbe	Strich	Härte ——— Dichte	Kristall- system	Ausbildung der Kristalle
Glaukonit und **Seladonit**[2] Fe-Al-Silikat mit K_2O. (Zus. schwankend)	matt ——— G. tiefgrün bis schwärzlichgrün, S. „seladongrün", apfelgrün, schwärzlichgrün	blaßgrün, graugrün	$1—1^1/_2$	G. amorph? S. amorph	—

[1] Ähnlich sind: **Cumengeit, Pseudoboleit, Diabolit** und **Percylith;** siehe Handb.!

Spaltbarkeit / Bruch	Aggregate	Chem. Verhalten	Bemerkungen; Begleiter
——— musch.	derb, traubig, stalaktitisch, erdig	kaum schmelzbar; von HCl zersetzbar $Mg+$, H_2O+	auf Chromit, Serpentin

jedoch kristallinisch (feinschuppig). Vergesellschaftet mit Röttisit.

Spaltbarkeit / Bruch	Aggregate	Chem. Verhalten	Bemerkungen; Begleiter
	radialfaserige haarige Kugeln, Büschel, samtartige Krusten	in Säuren löslich $S+$, H_2O+	mit Malachit, Azurit, Limonit, Adamin, Pyromorphit, Kupferglimmer u. a. Fasern stark doppelbrechend, γ in der Längsrichtung und stärker blau als α.
v. (100)	×× meist aufgewachsen, einzeln oder in Drusen; Gruppen; strahlig, faserig, als Anflug	leicht schmelzbar; in verdünnter HNO_3 löslich; entfärbt sich beim Anfeuchten mit HCl; schwärzt sich im Kölbchen; $Pb+$, $S+$	auf Pb-Cu-Erzgängen mit Kupferkies, Bleiglanz, Cerussit, Malachit, Brochantit u. a. auf Quarz, auf Baryt aufsitzend
v. (010	stengelig, strahlig, blättrig, körnig, derb, dicht, erdig; Anflug	nur an den Kanten schmelzbar; in Säuren und NH_3 löslich; färbt die Flamme intensiv blaugrün; $Cl+$, H_2O+	mit Malachit, Brochantit, Kieselkupfer, Chlorsilber, Limonit u. a. Ähnlich dem Brochantit; Unterscheidung durch $Cl+$ u. Flammenfärbung. Unterscheidung von Malachit durch CO_2 des letzteren
	Einzelkrist. oder ⋊-Gruppen	schmilzt sehr leicht, wird im Kölbchen schwarz; in HNO_3 löslich $Pb+$, $Cl+$, H_2O+	in zersetzten tonigen Gest. gebunden an Kupfererzgänge. Ähnlich die Minerale unter [1] $1+$, $\omega = 2{\cdot}05$, $\varepsilon = 2{\cdot}03$ Auf Spaltblättchen komplizierte Zwillingsoptik
(10$\bar{1}$0) ——— musch. bis uneben	aufgewachsen	unschmelzbar; in HCl und NH_3 nach Abscheidung von SiO_2 löslich	auf Kalkstein, Dolomit, Sandstein mit Limonit, Chrysokoll

$3 H_2O$ und **Langit** $= Cu_3[(OH)_4/SO_4] \cdot H_2O$. **Chrysokoll** mit oft grünlichem Strich siehe S. 122!

bei gelbem Strich S. 62!

Spaltbarkeit / Bruch	Aggregate	Chem. Verhalten	Bemerkungen; Begleiter
	G. Körner wie Schießpulver; S. erdig, Überzug	zur schwarzen magnetischen Kuge schmelzbar; von HCl zersetzbar	G. als Körner in Sanden (Grünsanden), Sandsteinen u. a. Sedimenten, **nicht** in Erstarrungsgest. S. als Ausfüllung von Mandelräumen in Ergußgest.; Pseudomorphosen nach Augit

[2] Vergl. auch den ähnlichen **Delessit!**

Name Chem. Zus.	Glanz ——— Farbe	Strich	Härte ——— Dichte	Kristall- system	Ausbildung der Kristalle
Thuringit [1] $H_{18}(MgFe)_8 (AlFe)_8$ Si_6O_{41}?	z. T. perlmutter- artig, sonst matt ——— olivgrün, pistazgrün, schwärzlichgrün	grünlichgrau	$2-2^1/_2$ ——— 3·2	?	Blättchen, Schuppen, Körner
Chamosit $Fe_3[Al_2Si_2O_{10}]$. $3H_2O$?	schimmernd bis matt ——— grünlichgrau, bräulichgrün bis grünlichschwarz	hell graugrün	um 3 ——— 3·2	?	—
Cronstedtit $Fe_4^{II}Fe_2^{III}(OH)_8$ $[Fe_2^{III}Si_2O_{10}]$	starker Glasgl. ——— schwarzgrün bis rabenschwarz	schmutzig- grün, dunkeloliv- grün	$3^1/_2$ ——— 3·5	pseudotrig. mon.	meist dreiseitige Pyramiden mit Basis (tetraederähnlich)
Manganblende Alabandin MnS	halbmetallisch ——— eisenschwarz, braunschwarz anl.	grün, graugrün	$3^1/_2-4$ ——— 4·0	kub.	vorw. Oktaeder und Würfel

II. D. 5 Übrige; b) Härte von 5 aufwärts.

Name Chem. Zus.	Glanz ——— Farbe	Strich	Härte ——— Dichte	Kristall- system	Ausbildung der Kristalle
Ludwigit $Fe^{III}(MgFe^{II})_2$ $[O_2/BO_3]$	Glasgl., Seidengl., matt ——— schwarzgrün bis rabenschwarz	blaugrün, schwarzgrün	5 ——— 4·2	rhomb.	—
Lievrit Ilvait $CaFe_2^{II}Fe^{III}[OH/$ $(SiO_4)_2]$	Fettgl., Pechgl., halbmetallisch ——— grünlich oder bräunlichschwarz bis rabenschwarz (oft gelbbrauner dünner Belag)	schwarzgrün bis schwarz oder bräun- lichschwarz	$5^1/_2-6$ ——— 4·1	rhomb.	säulig mit gestreiften aufrechten Prismen, nadelig bis haarig

Gruppe der **Augite** und **Hornblenden**, Minerale von Härte 5—6, meist grün bis schwarz gefärbt,
Hornblenden (vergl. Abb. 16—22 S. 40) vergl. unter weißem Strich S. 114 ff!

Sprödglimmer, Chloritoid, Ottrelith, monokline Minerale von pseudohex. Aussehen, sechsseitige
keit, **spröde,** Farbe grün bis schwarz, mit z. T. grünem Strich siehe S. 104!

Name Chem. Zus.	Glanz ——— Farbe	Strich	Härte ——— Dichte	Kristall- system	Ausbildung der Kristalle
Glaukophan $Na_2Al_2Mg_3(OH)_2$ Si_8O_{12}	Glasgl. ——— graublau, laven- delblau bis schwärzlichblau	blaugrau	$5^1/_2-6$ ——— 3·0—3·1	mon.	×× schlecht ent- wickelt, fast nur Prismen (110), meist ohne Endflächen

[1] Gruppe der **Chlorite,** Minerale von Härte 1—$1^1/_2$, vollk. spaltbar nach einer Fläche, biegsam,

Spaltbarkeit / Bruch	Aggregate	Chem. Verhalten	Bemerkungen; Begleiter
v. (nach einer Richtung)	derb, feinkörnig oder feinschuppig	zur magnetischen Kugel schmelzend; von HCl unter Gallertbildung zersetzbar H_2O+	selbständige Lager in Sedimenten, Nester und Linsen in Chloritschiefer; stark pleochroitisch
	dicht; rundliche Kornaggr.	leicht schmelzbar; von HCl unter Gallertbildung zersetzbar	selbständige Lager in Gest.; in der Minette Lothringens; mit Limonit, Magnetit, Siderit, Calcit
v. (001)	kugelige Gruppen, nierige, radialfaserige Aggr., stengelig	zur magnetischen Kugel schmelzend; von konz. HCl unter Gelatinieren zersetzbar $Fe+, H_2O+$	auf Erzgängen mit Pyrit, Siderit, Calcit, Limonit, Quarz, Zinkblende; dünne Blättchen grün durchsichtig und opt. 1−
v. (100)	derb, körnig, seltener blättrig	schwer schmelzbar; in HCl unter Entwicklung von S löslich	mit Zinkblende, Manganspat, Rhodonit, Bleiglanz
—	nur stengelig, faserig, radialfaserig, dicht; eingesprengte Putzen	schmilzt schwer zur magnetischen Kugel, wird v. d. L. rot; in HCl gelbe Lösung; $Fe+, B+$	mit Magnetit in kontaktmetamorphen Kalken
(010)	aufgewachsene ××, stengelige bis strahlige, faserige Aggr., selten körnig	schmilzt leicht zur magnetischen Kugel; mit HCl gelatinierend; $Fe+$	mit Augit und Hornblende

mit z. T. graugrünem Strich, charakterisiert durch Spaltwinkel von 87^0 bei Augiten und 124^0 bei

Blättchen und schuppige Aggr. bildend, glimmerähnlich, jedoch von Härte 6—7, vorzügliche Spaltbar-

| v. (110) Spaltwinkel 124^0 (s. Abb. 16) | stengelig und körnig | leicht zu einer nichtmagnetischen grauweißen Kugel schmelzend; gelbe Flammenfärbung! $Mg+$ | Gemengteil in manchen krist. Schiefern. |

meist grün gefärbt, mit blaß graugrünem bis grünem Strich, vergl. S. 104!

Name Chem. Zus.	Glanz ――― Farbe	Strich	Härte ――― Dichte	Kristall- system	Ausbildung der Kristalle
Arfvedsonit im wesentlichen $Na_3Fe_4^{II}Al(OH)_{22}$ Si_8O_{22}	Glasgl. ――― tief blauschwarz, grünschwarz, rabenschwarz; **Barkevikit** = samtschwarz	blaugrau; bei Barkevikit dunkel- olivgrün	$5^1/_2 - 6$ ――― 3·4	mon.	dicksäulig, lang- säulig, tafelig dann ×× klein)
Riebeckit im wesentl. $Na_2Fe_4^{III}(OH)_2$ Si_8O_{22}	Glasgl. ――― blauschwarz bis schwarz; **Krokydolith** = smalteblau bis grünlich, nach Zersetzung goldgelb = **Tigerauge**	blaugrau	$5^1/_2 - 6$ ――― > 3·33	mon.	×× meist schlecht entwickelt

Blaßgrünen Strich ergeben mitunter noch die kub. Minerale: **Uwarowit** (Kalkchromgranat),
Grüngrauen Strich kann auch **Orthit** ergeben; vergl. Handb.!

1. Mn+   **II. E. mit grauem oder**

Name Chem. Zus.	Glanz ――― Farbe	Strich	Härte ――― Dichte	Kristall- system	Ausbildung der Kristalle
Psilomelan Schwarzer Glaskopf MnO_2 mit Verunreinigungen	wachsartig schimmernd, matt, z. T. halbmet. ――― schwarz bis braun	schwarz, z. T. ins Bräunliche	5 − 6 ――― wechselnd	kryptokrist.	
Braunit $3Mn_2O_3 . MnSiO_2$	unv. metall- artiger Fettgl. ――― eisenschwarz bis bräunlichschwarz	schwarz	$6 - 6^1/_2$ ――― 4·7 − 4·9	pseudokub. tetr. ×× klein	oktaederähnlich

Hierher gehört **Manganschwärze**, fettig schimmernde oder matte Massen, weich, kryptokrist.

II. E. 2. Mn−; S+

Name Chem. Zus.	Glanz ――― Farbe	Strich	Härte ――― Dichte	Kristall- system	Ausbildung der Kristalle
Kupferindig Covellin CuS	halbmet. Fettgl. matt ――― blauschwarz bis indigoblau	schwarz (schimmernd)	$1^1/_2 - 2$ ――― 4·68	hex. ×× sehr selten	dünntafelig, blättrig
Enargit Cu_3AsS_4	metallisch bis halbmet. ――― stahlgrau, eisen- schwarz mit Stich ins Braunviolette	grauschwarz	$.3^1/_2$ ――― 4·4	rhomb.	kurzsäulig (würfelähnlich) nadelig; gerieft; Zw. und Drill.

Dunkle Zinkblende (Christophit) mit braunschwarzem Strich s. unter braunem Strich!

Spaltbarkeit / Bruch	Aggregate	Chem. Verhalten	Bemerkungen; Begleiter
v. (110) wie oben!	—	schmilzt sehr leicht zur magnetischen Kugel; von Säuren nicht angreifbar; gelbe Flammenfärbung! Fe+	Gemengteil in Eläolithsyeniten u. a. atlantischen Gest. **Barkevikit** (oft große ×× oder Spaltstücke) = Übergangsglied zur gemeinen Hornblende. Optisches Verhalten s. S. 40 (Abb. 19 a)
v. (110) wie oben!	stengelig, schilfig, faserig; feinfaserig = **Krokydolith** (Riebeckit-Asbest) zersetzt u. goldgelb = **Tigerauge**	schmilzt zur magnetischen Kugel; gelbe Flammenfärbung! Fe+	in alkalireichen Erstarrungsgest. und krist. Schiefern. Optisches Verhalten s. S. 40 (Abb. 19 a)

Pleonast und **Hercynit.** Vergl. S. 140 und S. 134!

schwarzem Strich

Spaltbarkeit / Bruch	Aggregate	Chem. Verhalten	Bemerkungen; Begleiter
— musch.	traubig, nierig, stalaktitisch, glaskopfartig, derb, dicht, selten faserig	unschmelzbar; mit HCl Entwicklung von Cl	mit Pyrolusit, Hämatit, Limonit, Calcit, Siderit, Pyrit u. a.
(111)	derb, körnig; Gruppen und Krusten	unschmelzbar; in HCl unter Entwicklung von Cl löslich	mit Pyrolusit, Hausmannit, Psilomelan, Calcit, Baryt u. a.

Vergl. auch **Columbit** und **Tantalit** bei braunem Strich!

Spaltbarkeit / Bruch	Aggregate	Chem. Verhalten	Bemerkungen; Begleiter
s. v. (0001) (dünne Blättchen biegsam)	derb, feinkörnig, plattenförmig, pulverig, als Anflug; selten grobspätig	leicht schmelzend u. mit blauer Flamme verbrennend; in HNO_3 unter Abscheidung von S löslich Cu+	Verwitterungsprodukt von Kupfersulfiden, als Anflug oder erdiger Belag, im Kupferschiefer, auf Gängen; selten als Sublimationsprodukt. Sehr dünne Blättchen durchscheinend
v. (110)	derb, strahlig, stengelig, körnig, spätig, dicht	schmelzend; in HNO_3 löslich Cu+, As+	mit Kupferglanz, Buntkupferkies, Fahlerz, Pyrit, Zinkblende. Vergl. Anm. S. 48!

Name Chem. Zus.	Glanz ——— Farbe	Strich	Härte ——— Dichte	Kristall- system	Ausbildung der Kristalle
II. E. 3. Übrige					
Uranpecherz **Pechblende** Uraninit UO_2	halbmet. Fettgl., Pechgl. ——— pechschwarz ins Grünliche, Bräunliche oder ins Graue spielend	schwarz (auch bräun- lich oder grünlich)	4—6 ——— 9—9·7	kub. ×× selten	Würfel oder Oktaeder Zw. nach (111)
Perowskit $CaTiO_3$	halbmet. Fettgl. bis Diamantgl. ——— braun, rotbraun, bis bräunlich- schwarz	hell- bis dunkelgrau	$5^1/_2$ ——— 4·02—4·04	mimetisch kub. (mon.)	in krist. schiefern vorw. Würfel, sonst Oktaeder; Würfel gerieft

Lievrit, halbmet. Fettgl. bis Pechgl., grünlich- oder bräunlichschwarz, mit schwarzem, grauschwarzem,
Vergl. ferner: **Columbit** und **Tantalit** S. 68! **Titanomagnetit** siehe S. 54!

III. Gemeinglänzende Minerale mit

1. in H_2O löslich (ev. mit Rückstand) a) Cl+   A. Härte

Name Chem. Zus.	Glanz ——— Farbe	Härte ——— Dichte	Kristall- system	Ausbildung der Kristalle	Spaltbarkeit ——— Bruch
Carnallit $KCl . MgCl_2 . 6H_2O$	Glasgl. (fettig) ——— farbl., weiß, hellgrau, gelb bis rot, selten schwarz	1—2 ——— 1·60	pseudohex. rhomb. ×× selten	pseudohex., bipyramidale bis tonnenförmige ××; auch dicktafelig	
Steinsalz NaCl	Glasgl. ——— farbl., grau, gelb, rot, blau, violett, selten grün	2 ——— 2·1—2·2	kub.	fast stets Würfel, selten Oktaeder u. a. Formen. In Ton eingewachsene ×× oft verdrückt, künstl. ×× gerne skelettartig	s. v. (100)
Sylvin KCl	Glasgl. ——— farbl., gelblich, rötlich, seltener blau	2 ——— 1·9—2·0	kub.	meist Würfel; auch mit Oktaedern in Kombination	s. v. (100
Kainit $KCl . MgSO_4 . 3H_2O$	Glasgl. ——— farbl., weiß, grau, gelb, rot oder violett	3 ——— 2·1	mon. ×× selten	meist tafelig nach (001), Komb. mit (111), (010) u. a.; gew. nur Körner	v. (100)

Hanksit s. S. 86! Hierher gehören: **Salmiak** (NH_4Cl) und **Tachyhydrit** ($2 MgCl_2 . CaCl_2 . 12 H_2O$)

Spaltbarkeit / Bruch	Aggregate	Chem. Verhalten	Bemerkungen; Begleiter
— ——— musch.	derb, dicht, schalig, nierenförmig	unschmelzbar; in warmer HNO_3 oder H_2SO_4 löslich, gelbe Borax-Oxyd.-Perle im U.-V.-Licht fluoreszierend!	in Pegmatiten u. hydrothermalen Gängen mit Ag-, Bi- u. Co-Erzen, mit Kupferkies, Fluorit, Baryt, Bleiglanz, Uranglimmer u. a.
(100)	aufsitzende ×× (Würfel oder eingewachsen (Oktaeder)	nur in heißer H_2SO_4 zersetzbar Ti+	in Chloritschiefern und metamorphen Kalken, mikroskopisch in manchen Basalten. Dünne Splitter graubraun durchscheinend

bräunlichschwarzem oder schwarzgrünem Strich s. S. 80 unter grünem Strich!

weißem oder sehr blassem Strich.
1—6.

Aggregate	Chem. Verhalten	Opt. Verhalten	Bemerkungen; Begleiter
eingesprengt; grobkörnige Aggr., selten Klumpen in Steinsalz	stechender Geschmack; zerfließt an der Luft; leicht schmelzbar K+, Mg+	2+; $\alpha = 1\cdot466$, $\gamma = 1\cdot494$ AE=(010)	verbreitet in Salzlagerst. (Carnallitregion)
derb-körnig, seltener faserig; traubig, stalaktitisch; Drusen, Krusten	charakt. „Salzgeschmack"; schmilzt v. d. L.	isotrop n = 1·544	Farbe oft wolkig verteilt oder zonar. Neben den Massen auf Salzlagerst. auch Ausblühungen auf Wüstenböden, u. als Exhalationsprodukt
derbe, spätige, körnige bis dichte Massen; selten stengelig	leicht schmelzend; färbt Fl. violett; bitterer salziger Geschmack	isotrop n = 1·49	mit anderen Salzmineralen auf Salzlagerst. Seltener als Ausblühung auf Wüstenböden oder als Exhalationsprodukt auf Laven
derbe, zuckerkörnige Massen. Verwachsen mit Steinsalz, Carnallit, Kieserit u. Anhydrit	stechender Geschmack Mg+, S+	durchscheinend, dichte Massen schimmernd; 2−; $\alpha = 1\cdot495$, $\gamma = 1\cdot520$ AE=(010)	mit anderen Salzmineralen

Name Chem. Zus.	Glanz ——— Farbe	Härte ——— Dichte	Kristall- system	Ausbildung der Kristalle	Spaltbarkeit ——— Bruch
III. A. 1. b) Cl−; Mg+					
Bittersalz Epsomit $MgSO_4 . 7 H_2O$	Glasgl. ——— farbl., weiß	$2—2^1/_2$ ——— 1·68	rhomb.	künstl. ×× prismatisch, nat. ×× fast nur faserig	v. (010) (künstl. ××)
Polyhalit K_2Ca_2Mg $(SO_4)_4 . 2 H_2O$	fettiger Glasgl. ——— weiß, grau, gelb, häufig fleischrot, ziegelrot	$3—3^1/_2$ ——— 2·77	trikl.	×× selten gut entwickelt, dann nach der z-Achse gestreckt, sonst spanförmig, Stengel, Fasern	v. (100)
Kieserit $MgSO_4 . H_2O$	Glasgl., (schimmernd) ——— farbl., weiß, gelblich, grau	$3^1/_2$ ——— 2·57	mon. gute ×× selten	pyramidal; meist nur Körner ohne krist. Umrisse	v. $(11\bar{1})$ u. $(11\bar{3})$

Hierher gehört: **Astrakanit (Blödit)** = $Na_2Mg (SO_4)_2 . 4H_2O$

II. A. 1. c) Cl−, Mg−; NO_3+

Name Chem. Zus.	Glanz ——— Farbe	Härte ——— Dichte	Kristall- system	Ausbildung der Kristalle	Spaltbarkeit ——— Bruch
Natronsalpeter Natronatrit, Chilesalpeter [1] $NaNO_3$	Glasgl. ——— farbl., weiß, hellgelblich, hellviolett	$1^1/_2—2$ ——— 2·2—2·3	trig.	künstl. ×× Rhomboeder wie Grundrhomb. von Calcit; Zw. nach $(01\bar{1}2)$	v. $(10\bar{1}1)$
Kalisalpeter Nitrokalit [1] KNO_3	Glasgl. ——— farbl., weiß, grau	2 ——— 1·9—2·0	rhomb. größere ×× nur künstl.	nat. ×× nadelig, haarig; künstl. ×× wie Aragonit	——— musch.

III. A. 1. d) Cl−, Mg−, N−; CO_2+

Name Chem. Zus.	Glanz ——— Farbe	Härte ——— Dichte	Kristall- system	Ausbildung der Kristalle	Spaltbarkeit ——— Bruch
Soda Natrit [2] $Na_2CO_3 . 10H_2O$	Glasgl. ——— weiß, gelblich, grau	$1—1^1/_2$ ——— 1·42—1·44	mon, ×× selten	mehr oder weniger tafelig	
Hanksit $Na_{22}K[Cl/(CO_3)_2$ $/(SO_4)_9]$	matter Glasgl. ——— weißlich, gelblich	$3—3^1/_2$ ——— 2·55—2·6	hex.	pyramidal, prismatisch, auch tafelig; Prismenfl. quergestreift (ähnlich Quarz)	(0001)

[1] Über weitere Nitrate wie **Nitrocalcit** = $Ca(NO_3)_2 . 4 H_2O$, **Barytsalpeter** = $Ba(NO_3)_2$ und einige andere siehe Handbücher!

Aggregate	Chem. Verhalten	Opt. Verhalten	Bemerkungen; Begleiter
faserige, erdige Ausblühungen; **nicht** körnig; Unterschied geg. Kieserit	bitterer Geschmack S+	2−; $\alpha = 1\cdot433$, $\gamma = 1\cdot461$ AE = (001)	auf Kalisalzlagerst. als Umwandlungsprodukt von Kieserit. Sonst nur Ausblühungen u. Verwitterungsprod. auf Erzlagerst.
stengelig, blättrig, körnig, faserig	sehr schwacher Salzgeschmack; nur langsam von H_2O zersetzt S+	2−; $\alpha = 1\cdot547$, $\gamma = 1\cdot567$ Spaltbl. zeigen eine opt. Achse am Rande des Gesichtsfeldes. Unterschied gegen Glauberit!	Strich z. T. rötlichweiß. Massen in der „Polyhalitregion" der Salzlagerst. Begl. andere Salzminerale u. Borazit, Anhydrit
grob- u. feinkörnige bis dichte Massen; **nicht** faserig u. haarig zum Unterschied gegen Bittersalz	in H_2O nur langsam löslich S+	2+; $\alpha = 1\cdot523$, $\gamma = 1\cdot586$	nimmt an der Luft Wasser auf und überzieht sich mit einer Hülle von Bittersalz. In Salzlagerst. mit anderen Salzmineralen
in der Natur nur krist. Kornaggregate	bitter schmeckend; verpufft v. d. L.	1−; $\omega = 1\cdot585$ $\varepsilon = 1\cdot337$ sehr hohe Doppelbr. Auf Spaltblättchen schiefer Achsenaustritt	in Salpeterwüsten mit Steinsalz, Gips, Glauberit u. a.
haarige, nadelige, mehlige Aggr. u. Ausblühungen	bitter schmeckend; verpufft v. d. L. Kali-Fl.-Färbung	2−; $\alpha = 1\cdot335$ $\gamma = 1\cdot506$ starke Doppelbrechung	als Ausblühung in manchen Höhlen u. auf Böden; sporadisch auf Natronsalpeterlagerst.
meist nur in körnig-stengeligen Krusten oder mehligerBeschlag, Ausblühungen	schmilzt im eigenen Wasser; braust in HCl		Verwittert an der Luft, daher matte Oberfläche; Vork. in Natronseen, Ausblühungen auf Böden
Einzel ×× oder ×-Gruppen	schmilzt leicht! in Säuren aufbrausend; salziger Geschmack	1+; $\omega = 1\cdot481$ $\varepsilon = 1\cdot467$ oft durchscheinend	in Boraxseen

[2] Über weitere Karbonate wie **Thermonatrit** = $Na_2CO_3 . H_2O$, mit Soda vorkommend, **Trona** = $Na_3H(CO_3)_2 . 2 H_2O$ und **Gaylüssit** = $CaNa_2(CO_3)_2 . 5 H_2O$ u. a. siehe in Handbüchern!

Name Chem. Zus.	Glanz ——— Farbe	Härte ——— Dichte	Kristall- system	Ausbildung . der Kristalle	Spaltbarkeit ——— Bruch
III. A. 1. e) Cl−, Mg−, N−, CO_2−; Fe+					
Eisenvitriol Melanterit $FeSO_4 . 7H_2O$	Glasgl. ——— lichtgrün, oberflächlich oft gelblich, bräunlich	2 ——— 1·9	mon. ×× nat. selten	säulig, nadelig, haarig, pseudo- rhomboedrisch	(001) ——— musch.

Hierher gehören: **Coquimbit** $= Fe_2(SO_4)_3 . 9H_2O$ und **Halotrichit** $= FeAl_2(SO)_4 . 22H_2O$

III. A. 1. f) Übrige

Name Chem. Zus.	Glanz ——— Farbe	Härte ——— Dichte	Kristall- system	Ausbildung der Kristalle	Spaltbarkeit ——— Bruch
Boronatrocalcit (Ulexit) $NaCaB_5O_9$	Seidengl. ——— weiß	1 ——— 1·8	trikl.? ×× sehr klein	nur mikroskopisch kleine Nädelchen u. Blättchen	—
Alunogen [1] Keramohalit $Al_2(SO_4)_3 . 9H_2O$	Glasgl., Seidengl., Perlmuttergl. ——— weiß, gelblich	1—2 ——— 1·6—1·7	mon.	×× klein, tafelig, schuppig; nadelig. haarig	
Kalialaun Kalinit $KAl(SO_4)_2 . 12H_2O$	Glasgl. ——— farblos, weiß	2—2^1/$_2$ ——— 1·7—1·8	kub. ×× nat. selten	Oktaeder in Komb. mit Rhombendod.	—
Kupfervitriol [2] Chalkanthit $CuSO_4 . 5H_2O$	Glasgl. ——— himmelblau, berlinerblau	2^1/$_2$ ——— 2·2—2·3	trikl. nat. ×× selten	künstl. ×× deutlich trikl. Nat. ×× schlecht entwickelt, plattig, tafelig	musch.
Borax [3] Tinkal $Na_2B_4O_7 . 10H_2O$	Fettgl. ——— farbl., weiß, gelblich, grau; von trüber Rinde umzogen	2—2^1/$_2$ ——— 1·7—1·8	mon.	kurz- u. dicksäulig oder flach nach (100). Sehr ähnlich dem Augit (s. Abb. S. 41)!	(100) ——— musch.
Thenardit Na_2SO_4	Glasgl. bis Fettgl. ——— farbl., weiß, grau, bräunlich, rosa, fleischrot	2^1/$_2$ ——— 2·65	rhomb.	pyramidal oder tafelig (selten nadelig)	v. (001)

[1] Faserige Gebilde sind vermutlich **nicht** A.! Besitzen andere Optik!

[2] Weitere „Vitriole": **Zinkvitriol** $= ZnSO_4 . 7H_2O$, **Kobaltvitriol** $= CoSO_4 . 7H_2O$, **Manganvitriol** $= MnSO_4 . 7H_2O$, **Nickelvitriol** $= NiSO_4 . 7H_2O$.

Aggregate	Chem. Verhalten	Opt. Verhalten	Bemerkungen; Begleiter
nadelig, haarig, nierig, stalaktitisch, plattig, dicht, Krusten, Ausblühungen	widerlich schmeckend viel H_2O+		Zersetzungsprod. von Pyrit Magnetkies; in Kohlenflözen, Alaunschiefern, Tonen, Ausblühungen
nur in Knollen	in heißem H_2O löslich. B schwer nachweisbar. Bei Betupfen mit H_2SO_4 ab und zu grüne Fl.-Färbung	—	in Boraxseen, in Wüsten Nord- und Südamerikas
traubig, nierig, stalaktitisch, plattenförmig, von faserigem, schuppigem oder körnigem Bruch	schwach saurer, herber Geschmack $Al+$, $S+$	$2+$; $\alpha = 1\cdot474$, $\gamma = 1\cdot483$ Blättchen zeigen II. Mitt. α	Zersetzungsprod. von Kiesen. In Tonen, Braunkohlen; in Erzlagerst.; als Solfatarenbildung
selten $\times\times$ auf Klüften in Alaunschiefern; meist pulverige Ausblühung	bitter und zusammenziehend schmeckend K-Fl.-Färbung+	isotrop $n = 1\cdot456$	als Ausblühung auf Laven, Alaunschiefern, auf Kohlen
Krusten, Stalaktiten, nierig, faserig, plattig, schuppig, körnig; Ausblühungen	bitter schmeckend $Cu+$, $S+$, viel H_2O+		Verwitterungsprod. von Kupferkiesen; in Trockengebieten
vielfach nur lose $\times\times$, selten körnige Massen	süßlicher, zusammenziehender Geschmack B-Nachweis **nur** mit Flußspatpulver und $KH(SO_4)$	$2-$; $\alpha = 1\cdot447$, $\gamma = 1\cdot472$ Platten // (100) zeigen I. Mitt.	im Schlamm von Boraxseen
körnig, erdig; pulverige Ausblühungen	schmilzt leicht zur Perle; schwach salziger Geschmack $S+$	$2+$; $\alpha = 1\cdot471$ $\gamma = 1\cdot484$ Gerade Ausl. nach Spaltrissen	in Salzseen oder als Exhalationsprod.

[3] Chemisch wasserärmer ist **Kernit,** große mon. $\times\times$; Vork. wie Borax.

Name Chem. Zus.	Glanz --- Farbe	Härte --- Dichte	Kristall- system	Ausbildung der Kristalle	Spaltbarkeit --- Bruch
Glauberit $NaCa(SO_4)_2$	Glasgl. bis Fettgl. --- farbl., weiß, gelblich, grau, fleischrosa, ziegelrot[1]	$2^1/_2 - 3$ --- $2·7 - 2·8$	mon.	tafelig, säulig, rhomboederähnlich	v. (001)

Hierher gehören: **Sassolin** $= H_3BO_3$, kleine Blättchen, **Glaubersalz** $= Na_2SO_4 . 10 H_2O$, faserige

III. A. 2. Pb +

Name Chem. Zus.	Glanz --- Farbe	Härte --- Dichte	Kristall- system	Ausbildung der Kristalle	Spaltbarkeit --- Bruch
Phosgenit Bleihornerz $PbCl_2 . PbCO_3$	fettartiger Diamantgl. --- farbl., weiß, grau, gelb	$2^1/_2 - 3$ --- $6·0 - 6·3$	tetr.	kurzsäulig oder pyramidal, oft flächenreich	(110) u. (001) --- musch.
Anglesit Vitriolbleierz PbSO	fettartiger Diamantgl. --- farbl.; selten grünlich oder schwärzlich	3 --- $6·3$	rhomb.	tafelig, kurzprismatisch, pyramidal; ×× oft flächenreich u. gut ausgebildet	001) u. (110) --- musch., spröde!
Wulfenit Gelbbleierz $PbMoO_4$	Harzgl., fettartiger Diamantgl. --- zitronengelb, wachsgelb, honiggelb, orange, grünlichgrau[2]	3 --- $6·7 - 6·9$	tetr.	meist dünne Tafeln nach der Basis, seltener pyramidal bis spitzig; kurzsäulig (würfelähnlich)	(111) --- musch.
Cerussit Weißbleierz $PbCO_3$	fettartiger Diamantgl. --- farbl., weiß, grau, gelb, braun. Mit Bleiglanz gemengt schwarz $=$ **Schwarzbleierz**	$3 - 3^1/_2$ --- $6·4 - 6·6$	z. T. pseudo-hex. rhomb.	prismatisch, nadelig, tafelig, pyramidal, z. T. pseudohex. aussehend, bes. bei Zw. u. Drill. Ästige, fiederförmige, sternförmige Gruppen bei Zw. und Drill.	musch.
Pyromorphit Grünbleierz, Braunbleierz $Pb_5Cl[PO_4]_3$	diamantartiger Fettgl. --- meist grün oder braun in versch. Tönen; selten wachsgelb, orange, weiß bis farbl.	$3^1/_2 - 4$ --- $6·7 - 7·0$	hex.	hex. Säulen bis Nadeln mit Basis; oft bauchig, tonnenförmig gekrümmt	—

Hierher gehören: **Leadhillit** $= PbSO_4 . 2 PbCO_3 . Pb(OH)_2$ und **Stolzit** $= PbWO_4$. Vergl. ferner die ×× von **Descloizit** bei gelbem Strich!

[1] Dann sehr ähnlich dem **Polyhalit,** Unterscheidung optisch sehr einfach!

Aggregate	Chem. Verhalten	Opt. Verhalten	Bemerkungen; Begleiter
derb, grobspätig	salzig-bitter schmeckend; schmilzt an der Flamme $S+$	$2-$; $\alpha = 1{\cdot}515$ $\gamma = 1{\cdot}536$ Spaltblättchen zeigen I. Mitt. α $2\,V\alpha$ sehr klein[1]	in Steinsalzlagerst.

Krusten und Ausblühungen bildend, und **Ammoniakalaun** $= NH_4Al(SO_4)_2 . 12\,H_2O$, in faserigen Krusten.

Aggregate	Chem. Verhalten	Opt. Verhalten	Bemerkungen; Begleiter
	leicht schmelzend; in HNO_3 aufbrausend (CO_2) $Cl+$	durchsichtig bis durchscheinend	Vork. wie Cerussit, siehe dort! Eingewachsen in Ton
z, T. Krusten auf Bleiglanz	schmilzt zur Kugel; in HCl unlöslich, in KOH völlig lösbar $S+$	$2+$; $\alpha = 1{\cdot}877$ $\gamma = 1{\cdot}894$	auf Bleiglanzlagerst., in mulmigem Bleiglanz mit Limonit, Cerussit u. a.
fast stets aufgewachsen; zellige Gruppen und Krusten	unter Zerknistern leicht schmelzbar; in konz. H_2SO_4 gekocht und Alkoholzusatz Blaufärbung!	$1-$; $\omega = 2{\cdot}405$ $\varepsilon = 2{\cdot}283$ Dünne Tafeln zeigen das Achsenbild	auf Bleiglanzlagerst. Begl.: Calcit, Dolomit, Kieselzinkerz, Zinkblende u. a.
stengelig, büschelförmig, nierig; als Überzug pulverig, erdig; dann stark verunreinigt $=$ **Bleierde**	zerknistert v. d. L. und wird gelb; in **verd.** HNO_3 aufbrausend (CO_2)	$2-$; $\alpha = 1{\cdot}804$ $\gamma = 2{\cdot}078$	in der Verwitterungszone von Bleierzen, oft in mulmig zerfressenem Bleiglanz mit Pyromorphit, Anglesit u. a.
traubig-nierig, eingesprengt, Krusten, Anflug	schmilzt sehr leicht; in HNO_3 löslich $Cl+$, $P+$	$1-$; $\omega = 2{\cdot}061$ $\varepsilon = 2{\cdot}049$ oft opt. anomales Achsenbild	in den oberen Zonen von Bleiglanzlagerst. mit Bleiglanz, Limonit, Cerussit, Quarz, Baryt. Pseudomorphosen von Bleiglanz nach P. $=$ **Blaubleierz**

gelben, braunen bis roten $\times\times$ von **Vanadinit** und die braunen, schwärzlichroten oder bräunlichgrünen

[2] selten farblos oder in anderen Farben.

Name Chem. Zus.	Glanz Farbe	Härte Dichte	Kristall- system	Ausbildung der Kristalle	Spaltbarkeit Bruch
III. A. 3. Pb−; CO_2+ (Aufbrausen in HCl, nicht aber in HNO_3)					
Zinkblüte Hydrozinkit $Zn_5[(OH)_3CO_3]_2$	matt — weiß, blaßgelb	$2-2^1/_2$ — wechselnd	kryptokrist.	—	
Calcit **Kalkspat** $CaCO_3$ [1]	×× Glasgl., auch schimmernd; derb: matt, selten Seidengl. — farbl., weiß, durch Verunreinigungen mannigfach gefärbt. C. aus Kontakten bläulich!	3 — $2{\cdot}6-2{\cdot}8$	trig.	außerordentlich mannigfaltige Formen. Flache bis steile Rhomboeder, versch. Skalenoeder; seltener spießig. Säulige ×× = **Kanonenspat** Versch. Zw.	s.v. $(10\bar{1}1)$
Aragonit [2] $CaCO_3$	Glasgl., auf frischem Bruch fettig — meist farbl., weiß, gelblich, auch grau, schwarz, rot, violett, blau, grün	$3^1/_2-4$ — $2{\cdot}95$	rhomb. (mit Winkelverh. ähnlich dem hex. System)	meist prismatisch; spitzpyramidal bis spießig. Häufig Zw. u. Drill. (wie hex. Säulen aussehend)	musch.
Strontianit [3] $SrCO_3$	fettartiger Glasgl. — farbl., weiß, grau, gelblich, häufig grünlich in blassen Farben	$3^1/_2-4$ — $3{\cdot}7$	rhomb.	wie Aragonit; gerne nadelig, spießig, auch säulig, spitzpyramidal. Oft zu Büscheln verwachsen. Zw. u. Drill. wie Aragonit	(110)
Witherit $BaCO_3$	Glasgl., matt, auf frischem Bruch fettig — farbl., weiß, grau, gelblich	$3^1/_2-4$ — um $4{\cdot}28$	pseudohex. rhomb.	einfache ×× wie Aragonit. Meist Durchkreuzungsdrill., die wie hex. Doppelpyramiden aussehen	010)
Dolomit Braunspat, Bitterspat $CaCO_3 . MgCO_3$	Glasgl., Perlmuttergl. — farbl., weiß, gelb, braun, schwarz	$3^1/_2-4$ — $2{\cdot}85-2{\cdot}95$	trig.	vorh. Grundrhomboeder (= Spaltrhomb.), selten steile Rhomboeder mit Basis. Oft stark gesattelt u. von Subindividuen besetzt. Zw. Druckzw. seltener als bei Calcit; Lamellen in der kurzen Diagonale des Rhomboeders	s. v. (1011)

[1] Geringe Mengen von Mg, Fe, Mn oder Zn, Ba, Sr, Pb sind isomorph beigemischt. Bei größerem Gehalt unterscheidet man: **Spartait, Manganocalcit,** blaßrosa, hat bis $14^0/_0$ $MnCO_3$; **Zinkocalcit, Strontianocalcit** und **Neotyp** sind C. mit geringer Beimischung von $ZnCO_3$, $SrCO_3$ bezw. $BaCO_3$. **Plumbocalcit** = C. mit submikroskopischer Verwachsung mit Cerussit.

Aggregate	Chem. Verhalten	Opt. Verhalten	Bemerkungen; Begleiter
nur derbe, erdige bis dichte Massen oder schalige, nierige, stalaktitische Krusten	$Zn+$	—	Verwitterungsprod. von Kieselzinkerz, Zinkblende u. a.
körnig bis dicht; strahlig-faserige, traubige, nierige, stalaktitische Aggr. Erdig, mehlig als Quellabsatz, als Sinterbildung	unschmelzbar; Ca-Fl.-Färbung; braust schon lebhaft in kalter HCl	1—; $\omega =$ um 1·66 $\varepsilon =$ um 1·48 Sehr starke Doppelbrechung; auch dünnste Blättchen zeigen Weiß höherer Ordnung und schiefen Achsenaustritt	wasserklarer C. = **Doppelspat;** körn. Aggr. = **Marmor;** feinkörn. bis dicht = **Kalkstein.** Quellabsatz, Sinterbildung = **orientalischer Alabaster, Onyxmarmor, Kalktuff, Travertin, Bergmehl, Bergmilch.** Marines Sediment = **Schreibkreide.** Faserige Aggr. = **Atlasspat (satinspar)**
gerne in stengelig-strahlig-faserigen Aggr., spießige Kristallgruppen, Oolithe; stalaktitische, nierige Krusten	wie Calcit! Unterscheidung von Calcit durch Meigen'sche Reaktion s. S. 30!	2—; $\alpha = 1\cdot530$ $\gamma = 1\cdot686$ $2V\alpha$ gegen 20^0; z-Achse = I. Mitt. α	Unterscheidung gegen Calcit durch fehlende Spaltbarkeit. Gegenüber Calcit weit seltener; **nicht** gesteinsbildend. Auf Klüften von Erstarrungsgest., auf Erzlagerst., eingewachsen in Schwefel, Gips. Als **Eisenblüte** mit Siderit, Limonit; Quellabsatz = **Sprudelstein, Erbsenstein.**
derb strahlig, faserig	nur schwer an den Kanten schmelzbar; Sr-Fl.-Färbung	2—; $\beta =$ um 1·67 $2V\alpha$ klein	auf Erzgängen; in Mergeln
derbe, traubig-nierige, kugelige Massen von strahligem Bruch	leicht zur Kugel schmelzbar; Ba-Fl.-Färbung	2—; $\alpha = 1\cdot529$ $\gamma = 1\cdot677$	auf Bleiglanzlagerst. mit Bleiglanz, Baryt
körnig (leicht zerreiblich), stengelig, dicht; körn. Aggr. fühlen sich rauh an, sind oft zellig, porös	unschmelzbar; in kalter HCl schwächer aufbrausend als Calcit; Unterscheidung von Calcit u. Magnesit s. **Feigl** u. **Leitmeier** in Centralbl. f. Min. A, 1928, S. 74	1—; $\omega = 1\cdot682$ $\varepsilon = 1\cdot503$ Doppelbr. wie Calcit	als selbst. Gest.: auf Erz- u. Mineralgängen, als Einsprengling in Talkschiefer, Gips, Anhydrit. Kleine gesattelte Rhomboeder mit starkem Perlmuttergl. = **Perlspat.**

[2] **Tarnowitzit** = A. mit Beimischung von einigen $^0/_0$ $PbCO_3$!
[3] Größere Beimischung von $CaCO_3$ = **Calciostrontianit (Emonit).**

Name Chem. Zus.	Glanz ——— Farbe	Härte ——— Dichte	Kristall- system	Ausbildung der Kristalle	Spaltbarkeit ——— Bruch
Ankerit FeMgMn)C₂O₆ Übergänge zu Dolomit	Glasgl., auf Spaltflächen Perlmuttergl. ——— weiß, grau, gelblich, bräunlich	4	trig.	wie Dolomit	v. $(10\bar{1}1)$
Manganspat [1] Himbeerspat Rhodochrosit $MnCO_3$	Glasgl. ——— rosarot, himbeer- rot; auch grau, braun, selten farbl. angewittert schwarz	$4—4^1/_2$ ——— $3{\cdot}3—3{\cdot}6$	trig.	vorh. sattelförmig gekrümmte Grund- rhomboeder; ferner spitzrhomboedrisch, spitzskalenoedrisch; selten hex. Prisma mit Basis	v. $(10\bar{1}1)$
Magnesit [2] Bitterspat z. T. $MgCO_3$	Glasgl. ——— farbl., weiß, gelblich, bräunlich, grau bis schwärzlich	$4—4^1/_2$ [3] ——— um 3	trig.	fast nur Grundrhomboeder, selten hex. Prismen mit Basis Kryptokrist. = **Gelmagnesit**	s. v. $(10\bar{1}1)$ ——— dicht: Br. musch.
Siderit Eisenspat Spateisenstein $FeCO_3$	Glasgl., auf Spaltfl. Perlmuttergl.; dicht: schimmernd ——— bes. erbsengelb, sonst bräunlich, grau bis schwärzlichgrau. Verwittert braun bis blauschwarz. Jüngste Bildung in Mooren weiß	$4—4^1/_2$ ——— $3{\cdot}7—3{\cdot}9$	trig.	vorh. Grundrhom- boeder, seltener spitzrhomboedrisch, skalenoedrisch. Rhomb. oft linsen- förmig verzerrt, sattelförmig. Größere ×× gerne von Subindividuen besetzt	$(10\bar{1}1)$ ——— dichte Massen schimmernder Bruch
Zinkspat [4] Smithsonit $ZnCO_3$	Glasgl. bis Perlmuttergl. ——— farbl., gelblich, braun, grau, blaßgrün, bläu- lich, orangerot	5 ——— $4{\cdot}3—4{\cdot}5$	trig.	meist kleine Grundrhomboeder; selten spitzrhomboedrisch, skalenoedrisch, ×× oft gerundet	v. $(10\bar{1}1)$

Hierher gehören: **Aurichalcit** $= Zn_5[(OH)_3/CO_3]_2$ mit Cu-Gehalt, hellblau bis spangrün, **Alstonit**,

[1] Eisenreiche Glieder = **Oligonspat**, Ca-reiche = **Manganocalcit**

[2] Fe-hältiger M. = **Breunnerit**, bei großem Fe-Gehalt = **Mesitinspat**, beim Verhältnis $FeCO_3 : MgCO_3$ $=1:1$ spricht man von **Pistomesit**

Aggregate	Chem. Verhalten	Opt. Verhalten	Bemerkungen; Begleiter
körnig	unschmelzbar; Verhalten gegen HCl wie Dolomit	$1-$; ω u. ε ähnlich Dolomit	bei Verwitterung braun werdend (Limonitbildung). Vork. an Sideritlager gebunden; hier Zwischenglied bei der Verdrängung von Kalkstein durch Siderit, sog. „Rohwand" in Eisenerz
körnig, spätig bis dicht, traubig, glaskopfartig; Krusten und Rinden bildend	unschmelzbar; nur in heißer HCl aufbrausend! Mn+	$1-$; $\omega = 1\cdot814$, $\varepsilon = 1\cdot596$ sonst wie Calcit	durch die Farbe leicht erkennbar; auf Gold-, Silber-, Blei- u. Zinklagerst., in Sideritlagerst. mit Limonit. Selbst. Lagen mit Rhodonit u. Quarz.
derbe, nierige, knollige Massen von körnigem, stengeligem oder dichtem Bruch. Kryptokrist. dichte Massen = **Gelmagnesit** zum Unterschied gegen „**Kristall-magnesit**"	unschmelzbar; nur in heißer HCl aufbrausend. Unterscheidung vom Dolomit s. S. 93!	$1-$; $\omega = 1\cdot717$, $\varepsilon = 1\cdot515$ sonst wie Calcit	Kristallmagnesit und **Pinolitmagnesit** selbst. Lagen in Kalken u. Chloritschiefern u. als Pseudomorphosen nach Dolomit (Veitsch etc.). Eingesprengt in Talk- und Chloritschiefern; selten in Pegmatiten, Gemengteil im Sagvandit. Gelmagnesit Adern, Trümer, Lagen in Serpentin
körnig bis dicht; nierenförmig ist **Sphärosiderit,** warzenförmig, knollig, selten stengelig, oolithisch	unschmelzbar; nur in heißer HCl aufbrausend. Wird durch Glühen schwarz und magnetisch	$1-$; $\omega = 1\cdot873$, $\varepsilon = 1\cdot633$ sonst wie Calcit	selbst. Lagerst. Gute $\times\times$ auf Erzgängen. In Sedimenten mit Ton oder Kohle gemengt = **Toneisenstein, Kohleneisenstein.** In Braunkohlen u. als rezente Bildung in Mooren weiß u. käsig = **Weißeisenerz.** Selten in Pegmatiten u. Blasenräumen von Basalten. Oft verwittert zu Lemonit
derb, feinkörnig, nierig, stalaktitisch, zellig-porös, dicht bis erdig; auch schalig gebänderte Sinterkrusten	unschmelzbar; in heißer HCl aufbrausend Zn+	$1-$; $\omega = 1\cdot849$, $\varepsilon = 1\cdot621$ sonst wie Calcit	selbst. Massen in Kalk- u. Dolomitgest. Begl.: Hydrozinkit, Kieselzinkerz, Zinkblende u. a.

Mischung von $BaCO_3$ und $CaCO_3$ und **Barytocalcit** $= CaBa(CO_3)_2$.

---

[3] Bei dichtem Magnesit infolge von Opaldurchtränkung höher!

[4] Weitere Karbonate: **Kobaltspat** $= CoCO_3$, radialstrahlige kleine Kugeln, oberflächlich samtschwarz, innen pfirsichblütrot. Siehe ferner Handb.!

Name Chem. Zus.	Glanz ——— Farbe	Härte ——— Dichte	Kristall- system	Ausbildung der Kristalle	Spaltbarkeit ——— Bruch
III. A. 4. Pb–, CO₂–; S+					
Aluminit $Al_2 [(OH)_4 . (SO_4)]$ $. 7 H_2O$	matt, schimmernd ——— weiß bis gelblichweiß	1 ——— 1·7	rhomb.? kryptokrist.		——— erdig
Schwefel S	Harz- bis Fettgl., Diamantgl. ——— „schwefelgelb" mit Stich ins Grüne, wachs- gelb, honiggelb, braun, durch Verunreinigung grau	2 ——— 2·0	rhomb.	pyramidal oder sphenoidisch, dick- tafelig	——— musch.
Gips Selenit $CaSO_4 . 2 H_2O$	Glasgl., auf Spalt- flächen Perl- muttergl., Seidengl. ——— farbl., weiß, gelblich, grau, braun	$1^1/_2$—2 ——— 2·3—2·4	mon.	tafelig nach (010); säulig, nadelig, haarig, auch schup- pig, linsenförmig, (durch nat. Ätzung oval, zerfressen). Häufig Zw. ××mitunter gebogen	s. v. (010), ($\bar{1}$11) (100) ——— musch.
Baryt Schwerspat $BaSO_4$	Glasgl. auf Spaltfl. z. T. Perlmuttergl. ——— farbl., weiß, in versch. blassen Farben, vorh. gelblich u. bläulich	3—$3^1/_2$ ——— 4·48	rhomb.	mehr oder weniger tafelig von wech- selnder Tracht; selten pyramidal oder nadelig	v. (001) (110)
Coelestin $SrSO_4$	Glasgl., perl- mutterartig; auf Bruchfl. fettig ——— farbl., weiß, gelblich, hellblau, blaugrau, selten rötlich oder grün	3—$3^1/_2$ ——— 3·9—4·0	rhomb.	prismatisch bis tafelig; sehr ähnlich dem Baryt	v. (001) (110)
Anhydrit $CaSO_4$	Glasgl. ——— farbl., weiß, bläulich, bläulichgrau, violblau, rötlich	3—4 ——— 2·9—3·0	rhomb.	würfelähnlich, prismatisch gestreckt nach der y-Achse	v. (001), (010) u. (100)

Zinkblende, hellgelb, grünlich, grau, weiß bis farbl., Diamantgl., sonst meist dunklere Farben

Hierher gehört: **Alunit** ($K_2SO_4 . 3 Al_2SO_6 . 6 H_2O$), kleine oktaederähnliche ×× meist in zersetzten

Aggregate	Chem. Verhalten	Opt. Verhalten	Bemerkungen; Begleiter
Knollen u. nierige Aggr. von erdiger bis feinschuppiger Struktur	unschmelzbar; in HCl löslich Al+, H_2O+	$\beta = 1\cdot464$	mild; leicht zerreiblich; in Tonen, Mergeln, Sanden, Gips, Kreide und anderen Sedimenten
Drusen; körnige, strahlige, erdige, mehlige bis dichte Aggr., derb, eingesprengt, Krusten, Anflug, nierig, knollig, stalaktitisch	leicht entzündlich, verbrennt mit blauer Flamme unter SO_3-Entwicklung; löslich in Schwefelkohlenstoff	2+; $\alpha = 1\cdot960$ $\gamma = 2\cdot248$ A. E. // (010), sehr starke Doppelbr.	in Mergeln, Tonen, selbständige Lager. Begl.: Gips, Aragonit, Coelestin u. a.; als vulkanisches Exhalationsprod. und Absatz aus Quellen
derb, grobspätig bis feinkörnig; grobschalig; schuppig = **Schaumgips,** faserig = **Fasergips;** eingewachsene Einzel ××! u. Kristallgruppen	schmilzt v. d. L. zur trüben, weißen Perle; löslich in HCl H_2O+	2+; $u = 1\cdot521$ $\gamma = 1\cdot531$ AE // (010)	Spaltbl. biegsam. Durchsichtige Tafeln = **Marienglas.** Körnige, spätige, schuppige Massen mit Einschlüssen von Aragonit, Borazit, Dolomit. Reine, weiße körnige Aggr. = **Alabaster**
blättrig, fächerartig, strahlig, faserig, schalig, nierig, stalaktitisch; Knollen	sehr schwer schmelzbar; in HCl unlöslich Ba+ (nach Glühen!)	2+; $\alpha = 1\cdot636$ $\gamma = 1\cdot648$ auf der Tafelfläche II. Mitt. Doppelbr. weit niedriger als bei Anhydrit	Sehr verbreitet, bes. auf sulfidischen Erzlagerst. Auf Klüften in Sedimentgest. Knollen in Ton und Mergel
plattenförmige Kluftfüllungen, Knollen, derb	schmilzt v. d. L. zur Perle Sr+	2+; $\alpha = 1\cdot622$ $\gamma = 1\cdot631$ Doppelbr. weit niedriger als bei Anhydrit	auf Klüften in Kalkstein, Mergel, Gips. Begl.: Schwefel, Aragonit. Selten in Hohlräumen von Ergußgest.
körnig, spätig (mit deutlichen Spaltrissen), dicht, auch stengelig, faserig	schwer schmelzbar; in HCl nicht löslich nach Glühen Ca+	2+; $\alpha = 1\cdot569$ $\gamma = 1\cdot613$ Spaltbl. löschen gerade aus! Auf (100) I. Mitt. 2 V α klein	Durch Zerschlagen würfelähnliche Spaltstücke! In Steinsalzlagerst., seltener auf Erzgängen u. als Exhalationsprod.

siehe bei gelbem oder braunem Strich!

Trachyten u. a. Gest. oder als Knollen in Sandstein.

Köhler, Bestimmen der Minerale.

Name Chem. Zus.	Glanz Farbe	Härte Dichte	Kristall- system	Ausbildung der Kristalle	Spaltbarkeit Bruch

III. A. 5. Pb−, CO_2−, S−; P+ a) Fe+ oder Mn+.

Name Chem. Zus.	Glanz Farbe	Härte Dichte	Kristall- system	Ausbildung der Kristalle	Spaltbarkeit Bruch
Triphilin $FeLi[PO_4]$ isomorphe Mischung mit $MnLi[PO_4]$ = **Lithiophilit**	fettartiger Gl. — T. grünlichgrau, bläulichgrau gefleckt, L. braun bis lachsfarbig	4—5 — 3·4—3·6	rhomb. ×× sehr selten	die seltenen ×× haben unsichere Flächen	(001)

Triplit mit fettartigem Gl. und braunen, fleischroten bis schwarzen Farben siehe unter gelbem

Lazulith Blauspat FeMg)Al₂ OH/PO_4]₂	Glasgl. — hell- oder dunkelblau bis bläulichweiß	5—6 — 3·1	mon.	spitzpyramidal, tafelig, prisma- tisch. Zw.	—— splittrig

Hierher gehört: **Vivianit** $(Fe_3[PO_4]_2 . 8H_2O$ mit weißem, sich sofort blau färbendem Strich; siehe

III. A. 5. b) Übrige.

Name Chem. Zus.	Glanz Farbe	Härte Dichte	Kristall- system	Ausbildung der Kristalle	Spaltbarkeit Bruch
Wavellit $Al_3[(OH)_3$ $PO_4)_2] . 6H_2O$	Glasgl. Seidengl. — farbl., grau, gelblich oder grünlich, bläulich	3½—4 — 2·3—2·4	rhomb.	nadelig	(110)
Xenotim Ytterspat YPO	Glasgl. — gelblich, bräunlich	4—5 — 4·5—5·1	tetr.	kurzprismatisch, oder pyramidal	v. (110) —— splittrig
Apatit a) im engeren Sinne $Ca_5F[PO_4]_3$ bzw. $Ca_5Cl[PO_4]_3$	Glasgl. bis fett- artiger Glasgl. — farbl., weiß und in allen Farben. Gelbgrün = **Spargelstein,** blaugrün = **Moroxit**	5 — 3·1—3·2	hex.	tafelig (×× oft flächenreich), säulig bis nadelig. Bei eingewachsenen ×× Flächen oft geflossen aussehend	(0001) (10$\bar{1}$0) musch.
b) als **Phosphorit** chem. z. T. mit CO_3 u. H_2O (Abarten siehe Handb.)	weiß, gelb, braun		kryptokrist.	feinfaserig	

Aggregate	Chem. Verhalten	Opt. Verhalten	Bemerkungen; Begleiter
grobkörnig	leicht zur Kugel schmelzbar; in HCl leicht löslich Li+	dünne Splitter durchsichtig $\beta = 1\cdot68-1\cdot70$	fleckige Farbzeichnung ist für T. charakteristisch. In Pegmatiten mit Beryll u. Spodumen; auf Zinnerzgängen

Strich!

| derbe, körnige bis dichte, splittrig brechende Massen | unschmelzbar; wird durch Glühen weiß, mit Kobaltlösung befeuchtet wieder blau Mg+, H$_2$O+ | tiefer gefärbte Splitter pleochroitisch 2—; $\alpha = 1\cdot612$ $\gamma = 1\cdot643$ | mit Quarz, Rutil, Disthen, Korund, Andalusit |

bei blauem Strich! Über weitere Fe- und Mn-haltige Phosphate siehe Handb.!

fast stets radialstrahlige Büschel oder halbkugelige, warzenförmige, nierige Gebilde	unschmelzbar; in HCl löslich Al+, oft F+	2+; $\alpha = 1\cdot525$ $\gamma = 1\cdot545$ Nadeln zeigen γ in der Längsrichtung	auf Klüften von Quarzit, Sandstein, Kieselschiefer, auch Granit. Auf Hämatit, Limonit, Pyrolusit u. Phosphorit
	nicht schmelzbar; in Säuren unlöslich	1+; $\omega = 1\cdot721$, $\varepsilon = 1\cdot816$	in sauren Graniten und Pegmatiten
derb, körnig; eingewachsen, aufgewachsen	kaum schmelzbar; in Säuren löslich F+ (nach Feigl) Lösung mit Ammoniummolybdat gibt gelben Niederschlag	1—; $\omega = 1\cdot646$, $\varepsilon = 1\cdot642$ schwache Doppelbr. Nadeln haben α in der Längsrichtung	Gemengteil vieler Gest., z. T. in großen Massen angereichert; ×× auf Klüften, in Talkschiefern (Spargelstein), in Pegmatiten, in pneumatolytischen Lagerst. usw.
traubig, nierig, kugelig, knollig, erdig, pulverig, Krusten. **Osteolithe** u. **Odontolithe** aus fossilen Knochen und Zähnen bestehend	kaum schmelzbar; in Säuren löslich F+ (nach Feigl) Lösung in Ammoniummolybdat gibt gelben Niederschlag		in Kalkstein, Dolomit, Krusten in verschiedenen Gest., Knollen in Sedimenten

Name Chem. Zus.	Glanz Farbe	Härte Dichte	Kristall-system	Ausbildung der Kristalle	Spaltbarkeit Bruch
Wagnerit $Mg_2[F/PO_4]$	fettartiger Glasgl. —— weingelb, honiggelb, weiß	$5-5^1/_2$ —— $3-3·15$	mon.	kurz- oder langsäulig mit flächenreichem Kopf; gerieft	— —— musch.
Monazit [1] Turnerit $Ce[PO_4]$	fettartiger Diamantgl., Harzgl. —— hell- bis dunkelbraun, auch rötlichbraun, hyazinthrot	$5-5^1/_2$ —— $4·8-5·5$	mon.	dicktafelig nach (100), querprismatisch. Tracht schwankend. Kurzsäulig ist **Turnerit**	v. (001), bei T. besser nach (010)

Lazulith, Glasgl., hell-dunkelblau, siehe vorige Seite!

Hierher gehören: **Variscit**=$Al[PO_4]$. $2 H_2O$, **Herderit**=$CaBe[F/PO_4]$ und andere Phosphate.

III. A. 6. Ausgesprochen blätterige (schuppige) Minerale von hex. Aussehen und sehr
Kristalle erweisen sich durch ihre voll-

a) Spaltblättchen sind elastisch (Glimmergruppe)

Muskovit [2] Kaliglimmer $KAl_2 (OHF)_2$ $[AlSi_3O_{10}]$ Cr-Gehalt im **Fuchsit**	Perlmuttergl. auf Spaltfl., sonst Glasgl.; wenn feinschuppig, Seidengl. —— farbl., grünlich, gelblich, rötlich; **Fuchsit** = sma- ragdgrün	$2-2^1/_2$ —— $2·8-2·9$	pseudohex. mon.	gewöhnlich nur dünne Blättchen nach der Basis, seltener dicktafelig, pyramidal rhomboederähnlich	s. v. (001)
Zinnwaldit Lithioneisenglimmer Li- und Fe-reicher M.	Perlmuttergl. halbmet. —— hellgrau, blaß- violett, gelblich, bräunlich, selten dunkelgrün; dunkelbraun bis schwarz = **Rabenglimmer**	$2-3$ —— $2·9-3·1$	wie oben! oft gute ××	tafelig, blättchen- förmig, aufgewachsen, sich durchkreuzend	s. v. (001)
Lepidolith Lithionglimmer Li-reich, Fe-arm	Perlmuttergl. —— pfirsichblütrot bis rosarot, selten farbl., weiß, grünlich	$2-3$ —— $2·8-2·9$	wie oben! gute ×× selten	fast nur Blättchen und Schuppen	s. v. (001)

[1] Mit seltenen Erden, bes. Thorium (bis 19%) und Lanthan.

[2] **Paragonit** (Natronglimmer) = Na-haltiger M.; Bestandteil der Paragonitschiefer, oft mit Staurolith
Roscoelith = M. mit V_2O_3-Gehalt; nelkenbraun, grünlichbraun, leicht schmelzbar! Mit verdünnter

Aggregate	Chem. Verhalten	Opt. Verhalten	Bemerkungen; Begleiter
	löslich in HCl $Mg+$, $F+$ (z. T.)	durchsichtig bis durchscheinend in frischen $\times\times$ $2+$; β um $1\cdot57$	mit Lazulith, Siderit, Baryt, Quarz u. a.
auf- und ein-gewachsene $\times\times$; sehr reichlich im **Monazitsand** auf Seifen	sehr schwer schmelzbar; in HCl schwer löslich. Mit H_2SO_4 befeuchtet grüne Flammenfärbung. Boraxperle fluoresziert gelb (Cer)	$2+$; $\alpha=1\cdot796$, $\gamma=1\cdot841$ 2 V klein	aufgewachsen als **Turnerit** (z. B. in alpinen Klüften); eingewachsen (Monazit) in Pegmatiten, Graniten, Gneisen

vollkommener Spaltbarkeit. Die selten dicktafeligen bis kurzsäuligen oder pyramidalen kommene Spaltbarkeit als hierhergehörig

Aggregate	Chem. Verhalten	Opt. Verhalten	Bemerkungen; Begleiter
blättrig-schuppig; feinschuppig = **Sericit;** rosettenartige, fiederförmige Gruppen = **Federglimmer**	kaum schmelzbar; in HCl und H_2SO_4 nicht löslich im Fuchsit $Cr+$ (selten durch die Perle, aber nach Feigl)	$2-$; $\alpha=1\cdot556$ $\gamma=1\cdot593$ Spaltblättchen zeigen I. Mitt. α; 2 Vα wechselnd	Vork. in Pegmatiten (große $\times\times$), Apliten, manchen Graniten; in Glimmerschiefer, Granitgneisen usw. **Nicht** in Ergußgest. und bas. Gest. Sericit = fettig, seidenglänzend, talkähnlich anzufühlen. Fuchsit spärlich in bas. Gest.
fächerartige Gruppen, blättrige Aggr.	schmilzt v. d. L. leicht zur dunklen Perle $Li+$, $Fe+$, $F+$	$2-$; Spaltblättchen zeigen I. Mitt. α; 2 Vα schwankend von $10-60$[1]	auf Zinnerzlagerst. mit Quarz, Fluorit, Zinnstein, Scheelit u. a.
schuppig, fein-körnig-schuppig	schmilzt v. d. L. zur weißen Perle; von Säuren schwer zersetzbar. Unterscheidung von Zinnwaldit durch Fehlen von Fe $Li+$	ähnlich Muskovit	mit pneumatolytischen Mineralen wie Turmalin (Rubellit!), Topas u. a.

und Disthen, sonst sporadisch.
H_2SO_4 dunkelblaue Lösung. Vork. auf Goldquarzgängen, in Sandstein mit Carnotit

Name Chem. Zus.	Glanz --- Farbe	Härte --- Dichte	Kristall- system	Ausbildung der Kristalle	Spaltbarkeit --- Bruch
Biotit Magnesiaglimmer Meroxen, Anomit, Lepidomelan; Meroxen und Anomit = Mg-reich Lepidomelan = Fe-reich $K(MgFe^{II})_3 \cdot (OH)_2 \cdot$ $[(AlFe^{III})Si_3O_{10}]$	auf Spaltfl. Perlmuttergl., auch halbmet. größere $\times\times$ etwas fettartig --- dunkelbraun bis schwarz; dunkel- grün[1], hellbraun, selten blassere Farben, dann dem Muskovit ähnlich; rot = **Rubellan**	$2^1/_2$—3 --- 2·8—3·2	pseudohex., pseudo- rhombo- edrisch; mon.	pseudohex., dünne Tafeln, seltener dicktafelig, spitz- rhomboedrisch. Meist nur Schuppen mit (001) und schlechter Seiten- umgrenzung. Große $\times\times$ oft kanten- gerundet, geflossen aussehend	s. v. (001)
Phlogopit chem. ähnlich Biotit, Mg-reicher fast, Fe-frei	Perlmuttergl. auf Spaltfl., bronzeartiger Schimmer, z. T. fettartiger Gl. --- rotbraun, hell- braun, gelblich, grünlich, selten farbl.	$2^1/_2$—3 --- 2·75—2·97	wie Biotit	wie Biotit! Oft große, dicke Tafeln	s. v. (001)

III. A. 6. b) Spaltblättchen nicht elastisch, sondern biegsam oder spröde.

Name Chem. Zus.	Glanz --- Farbe	Härte --- Dichte	Kristall- system	Ausbildung der Kristalle	Spaltbarkeit --- Bruch
Talk $Mg_6(OH)_4[Si_8O_{20}]$ über dichte Ab- arten siehe S. 106!	Perlmuttergl. --- farbl., weiß, grünlichweiß, hell apfelgrün	1 --- 2·7—2·8	z. T. pseudohex. mon.	nur Blättchen und Schuppen	v. (001) --- biegsam
Nakrit **Pholerit** (Kaolin) $Al_4(OH)_8$ $[Si_4O_{10}]$ s. auch S. 120!	Perlmuttergl., Silbergl. --- weiß, gelb, grünlich, bläulich; auch rosa u. violett = Pholerit	1 --- 2·66	pseudohex. mon. $\times\times$ bei Nakrit sehr klein	gröbere Schuppen nur bei Pholerit	v. (001) --- biegsam
Pyrophyllit $Al_4(OH)_4 \cdot [Si_8O_{10}]$ s. auch S. 120!	fettiger Perlmuttergl. --- farbl., weiß, gelblich, grünlich	$1^1/_2$ --- 2·8	pseudohex. rhomb.	nur Blättchen und Schuppen	v. (001)
Brucit[4] $Mg(OH)_2$ s. auch S. 106!	Glasgl. bis Perlmuttergl. --- farbl., weiß, grünlich, gelb; rotbraun = **Manganbrucit**	$2^1/_2$ --- 2·4	trig.	tafelig	v. (0001)

[1] Zu unterscheiden von der Grünfärbung durch Chloritisierung!
[2] Optische Unterscheidung gegen Muskovit durch Farbe, Pleochroismus und kleinem Achsenwinkel.

Aggregate	Chem. Verhalten	Opt. Verhalten	Bemerkungen; Begleiter
schuppig, blättrig	v. d. L. schwer schmelzbar, wenn Fe-arm, leichter, wenn Fe-reich; wird von H_2SO_4 zersetzt, eisenreicher Biotit auch von HCl	$2-$; $\alpha =$ $\gamma =$ Spaltblättchen zeigen I. Mitt. α mit meist sehr kleinem $2V\alpha$[2], vielfach einachsig erscheinend. Bei Lepidomelan nur dünnste Blättchen grün durchscheinend, dickere opak	wichtiger und verbreiteter Gesteinsgemengteil. Oft zersetzt in grünen Chlorit. Einsprenglinge in Tuffen durch Zersetzung weicher, mürber, braunrot werdend (Rubellan)[3]. Orientierte Einschlüsse von Rutil (Sagenit). Bei Zersetzung geht Elastizität verloren
grobschuppige bis blättrige Aggr.	keine Fe-Perle! $Mg+$ (nach Feigl), auch $F+$ sonst wie Biotit	ähnlich Biotit; Spaltblättchen opt. $1-$ oder $2-$ mit kleinem $2V\alpha$	Geologisch anderes Auftreten als Biotit; gebunden an metamorphe Kalke u. Dolomite. In manchen Serpentinen, auf Apatitlager von Bamle u. a.
blättrig (dicht s. S. 106!) **Topfstein** und **Lavezstein** sind Gemenge von T. und Chlorit	fast unschmelzbar; blättert sich v. d. L. auf und wird hart. In Säuren unlöslich H_2O+ (schwer), $Mg+$	$2-$; $\alpha = 1{\cdot}539$ $\gamma = 1{\cdot}589$ auf Spaltbl. I. Mitt. α; $2V\alpha$ sehr klein (fast 0^0)	fettig anzufühlen; gesteinsbildend in Talkschiefern mit $\times\times$ von Pyrit, Strahlstein, Magnesit, Apatit. Auf Klüften in Dolomit; vereinzelt auf Erzlagerst.
gröberschuppig (Pholerit), kleinschuppig (Nakrit)	unschmelzbar; in HCl unvollk., in H_2SO_4 vollk. löslich; $Al+$, H_2O+ (erst bei hoher Temperatur)	$2-$; $\alpha = 1{\cdot}561$ $\gamma = 1{\cdot}566$ bei Ph. I. Mitt. α $10-12^0$ schief zur Basis	fettig anzufühlen; hydrothermale Bildung in Erzlagerst. Sonstige Vork. s. S. 121
blättrig, schuppig, strahlig, Dichte Aggr. s. S. 120!	unschmelzbar; v. d. L. sich krümmend; $Al+$, H_2O+ (bei hoher Temperatur)	$2-$; $\alpha = 1{\cdot}552$ $\gamma = 1{\cdot}600$ I. Mitt. α auf Spaltblättchen	biegsam oder zerbrechlich, talkähnlich. Vork. auf Quarzgängen, Granitgängen
blättrig, schuppig, schalig	unschmelzbar; leuchtet v. d. L. stark auf; in HCl löslich $Mg+$, H_2O+	$1+$: $\omega = 1{\cdot}566$ $\varepsilon = 1{\cdot}581$ auf Basis Achsenbild mit anomalen, bräunlichen Interferenzfarben	Spaltblättchen biegsam; Gänge und Trümer in Serpentin, in Kontaktmarmoren

[3] bronzegelbe, goldglänzende Verwitterungsprod. = **Katzengold.** In and. Fällen bleichen die Biotite aus.
[4] $Mn(OH)_2$ = **Pyrochroit,** weiß, hellblau; braun u. schwarz werdende dünne Täfelchen, optisch negativ!

Name Chem. Zus.	Glanz Farbe	Härte Dichte	Kristall- system	Ausbildung der Kristalle	Spaltbarkeit Bruch
Pyroaurit $6\,MgO . Fe_2O_3 .$ $15\,H_2O$	Glasgl-. bis Fettgl. —— weiß, gelb, braungelb	$2-3$ —— $2{\cdot}07$	pseudohex. trig.	nur flachtafelig mit sechsseitiger Zeichnung auf der Basis	v. (0001) Spaltbl. spröde, gebrechlich
Margarit Kalkglimmer, Perlglimmer $CaAl_2 (OH)_2$ $[Si_2Al_2O_{10}]$	starker Perlmuttergl. —— weiß, grau, rötlichweiß	um 4 —— 3	pseudohex. mon.	dünne Tafeln und Blättchen; nur Basis entwickelt	s. v. (001) spröd, leicht zerbrechlich
Chloritgruppe 1. **Pennin** und **Klinochlor** Mischungen von $Mg_4Al_2(OH)_8$ $[Si_2Al_2O_{10}]$ = Amesitsilikat und $Mg_6(OH)_8[Si_4O_{10}]$ = Serpentinsilikat; Fe-hältig	Perlmuttergl. auf Basis, fettig, glasgl. bis matt —— hell- bis schwarzgrün, bläulichgrün (entenblau), seltener braun; weiß, gelblich ist Fe-armer **Leuchtenbergit**	$2-2^1/_2$ —— $2{\cdot}65-2{\cdot}97$	z. T. pseudohex., pseudotrig. mon.	vorw. nur Blätter nach (001); auch pyramidal und rhomboedrisch, dann wie aus Blättchen zusammengesetzt und Seitenflächen stark gerieft	v. (001)
Prochlorit Mischung aus ung. $Amesit_3$-$Serpentin_2$ bis $Amesit_7$- $Serpentin_3$	mattglänzend —— lauchgrün bis schwärzlichgrün	$1-2$ —— $2{\cdot}8-2{\cdot}9$	wie oben! $\times\times$ sehr klein	fast nur winzige, undeutliche Schüppchen	—
Kotschubeyit Cr-hältiger Klinochlor	karminrot	wie oben!	wie oben!	Blättchen, Schuppen	wie oben!
Kämmererit Cr-hältiger Pennin	pfirsichblütrot bis blaurot	wie oben!	wie oben!	Blättchen, Schuppen	wie oben!
Chloritoid Ottrelith (Sprödglimmer) $Fe_2Al_4(OH)_4$ $[Si_4Al_4O_{20}] . 2\,Fe(OH)$	Glasgl. z. T. perlmutterartig —— schwärzlichgrün bis schwarz	$6-7$	pseudohex. mon.	sechsseitige Täfelchen, zuweilen langgestreckt	s. v. (001)

blättrig können ferner sein: **Apophyllit, Desmin, Heulandit** (siehe Zeolithgruppe), **Astrophyllit**
Kleine Blättchen von **Sassolin** s. Handb.! Kleine, sechsseitige Täfelchen von **Hydrargyllit,**

III. A. 7.; in HCl ohne Gallertbildung löslich. a) As+

Name Chem. Zus.	Glanz Farbe	Härte Dichte	Kristall- system	Ausbildung der Kristalle	Spaltbarkeit Bruch
Pharmakolith $CaH[AsO_4] . 2\,H_2O$	Glasgl., Seidengl., Perlmuttergl. —— weiß; manchmal rötlich oder grünlich	2 —— $2{\cdot}6$	mon. $\times\times$ klein	haarförmig	v. (010)

Aggregate	Chem. Verhalten	Opt. Verhalten	Bemerkungen; Begleiter
blättrig	v. d. L. unschmelzbar u. braun und magnetisch werdend; in HCl löslich H_2O+	1—; $\omega = 1{\cdot}562$ dünnste Blättchen durchscheinend	Dünne Tafeln auf Calcit; auf Klüften in Dolomit, in Serpentin mit Brucit u. Chromit
nur schuppig bis körnig-blättrig	v. d. L. sehr schwer schmelzbar; Blättchen blähen sich dabei auf	2—; $\alpha = 1{\cdot}632$ $\gamma = 1{\cdot}647$ I. Mitt. α etwas schief zur Basis; $2V\alpha$ wechselnd	Unterscheidung von Muskovit durch spröde Spaltblättchen. In Chloritschiefern, in Smirgellagerst.
blättrig, schuppig bis dicht	schwer schmelzbar; $Mg+$, H_2O+	Spaltblättchen zeigen bald opt. pos., bald neg. einachsiges Bild. Pennin meist opt. neg., Klinochlor meist opt. pos. Anomale Interferenzfarben!	Häufiger Gesteinsbildner (Chloritschiefer) mit Magnetit, Pyrit, Spargelstein, Magnesit, Dolomit als Porphyroblasten. Schöne ×× auf Klüften mit Granat, Diopsid. Sekundär nach Granat, Biotit u. a.
wulstförmige oder wurmförmig gewundene Aggr. (wie Geldrollen); lockere, erdige, mattgrüne Massen.Überzüge	fast unschmelzbar; sonst wie oben!		Belag auf Bergkristall, Adular, Periklin, Sphen u. a. Einschlüsse in Quarz u. a.
blättrig-schuppig	$Cr+$	1+ oder 2+, $2V$ wechselnd	in Olivingest. mit Chromit, Uwarowit
blättrig-schuppig, dicht	$Cr+$	1+ oder 2+	Vork. wie Kotschubeyit **Rhodochrom** = dichter K.
blättrig, büschelig, eingewachsen	schwer schmelzbar; von Säuren kaum angreifbar $Fe+$, H_2O+	dünne Blättchen grün durchsichtig und pleochroitisch 2+, $\beta = 1{\cdot}72$	**Nicht** in Erstarrungsgest.! In Kontakten und krist. Schiefern. Strich grünlich-weiß

siehe bei farbigem Strich S. 66!
$Al(OH)_3$ s. S. 120!

Aggregate	Chem. Verhalten	Opt. Verhalten	Bemerkungen; Begleiter
lockere Kugeln, Büscheln; traubig, nierig; Anflug (pulverig) und Ausblühungen	H_2O+	2—; $\beta = 1{\cdot}589$	Ausblühung auf Arsenerzen

Name Chem. Zus.	Glanz ——— Farbe	Härte ——— Dichte	Kristall- system	Ausbildung der Kristalle	Spaltbarkeit ——— Bruch
Adamin $Zn_2[OH . AsO_4]$ z. T. Cu- und Co- Gehalt	lebhafter Glasgl., ——— farbl., weiß, gelb, rot, grün, graubraun, rosa, violett in versch. Nuancen	$3^1/_2$ ——— 4·3—4·5	rhomb. ×× klein	säulig, nadelig pyramidal. ×× oft flächenreich	v. (011)

Hierher gehört: **Nickelblüte,** apfelgrün, grünlichweiß; siehe bei grünem Strich!

III. A. 7. b) As−; Sb+

Name Chem. Zus.	Glanz ——— Farbe	Härte ——— Dichte	Kristall- system	Ausbildung der Kristalle	Spaltbarkeit ——— Bruch
Senarmontit Sb_2O_3	Diamantgl., Fettgl. ——— farbl., weiß, grau	2 ——— 5·2—5·3	kub.	nur Oktaeder, oft mit krummen Flächen	111) ——— musch. bis uneben
Valentinit Antimonblüte Weißspießglanz Sb_2O_3	Diamantgl., auf Spaltfl. Perl- muttergl. ——— weiß, aschgrau, gelblich, gelblichbraun	2—3 ——— 5·6—5·8	rhomb.	×× flächenreich, nadelförmig, span- förmig, auch schuppig	v. (010) u. (110)

III. A. 7. c) Übrige

Name Chem. Zus.	Glanz ——— Farbe	Härte ——— Dichte	Kristall- system	Ausbildung der Kristalle	Spaltbarkeit ——— Bruch
Nemalith (Brucit) $Mg(OH)_2$	Seidengl., Glasgl. ——— farbl., weiß, grünlich, gelb	$2^1/_2$ ——— 2·4	trig.	faserig. Über schuppigen Brucit vergl. S. 102!	
Pandermit (Priceit) $Ca_5B_{12}O_{23} . 9H_2O$	Glasgl., matt ——— weiß	3 ——— 2·4	trikl.? keine ××	—	—
Colemanit $Ca_2B_6O_{11} . 2H_2O$	Glasgl. ——— farbl.	4—$4^1/_2$ ——— 2·4	mon.	flächenreiche ×× ähnlich dem Dato- lith. Kurzsäulig, nußförmig, steilen Rhomboedern ähnlich	v. (010)

Hierher gehört: **Boronatrocalcit,** falls die schwere Wasserlöslichkeit übersehen wurde. Siehe

III. A. 8. Mg+ und H_2O+

Name Chem. Zus.	Glanz ——— Farbe	Härte ——— Dichte	Kristall- system	Ausbildung der Kristalle	Spaltbarkeit ——— Bruch
Steatit **Speckstein** $Mg_6(OH)_4$ $[Si_8O_{20}]$	matt bis schimmernd ——— weiß, grau, gelblich, bräunlich, rötlich	1 ——— 2·7—2·8	mon.	dicht bis feinschuppig; über blättrigen Talk s. S. 102!	—

Aggregate	Chem. Verhalten	Opt. Verhalten	Bemerkungen; Begleiter
meist Drusen kleiner $\times\times$, selten kleine, strahlige Aggregate	leicht schmelzend; $Zn+$	$2\pm$; $\alpha = 1\cdot708$ $\gamma = 1\cdot758$ $2\,V$ um 90^0; z. T. pleochroitisch	auf Zinklagerst.
derb, körnig, dicht, nierig	schmilzt an der Flamme; vollk. sublimierbar	durchscheinend; isotrop $n = 2\cdot087$ Splitter oft anomal doppelbrechend	auf Antimonerzgängen mit Valentinit, Antimonocher, Kermesit, Antimonit
$\times\times$ gern zu fächerartigen strahligen Gruppen vereinigt. Aggr. derb, stengelig, faserig, körnig	wie Senarmontit!	durchscheinend $2-$; $\alpha = 2\cdot18$ $\gamma = 2\cdot35$	wie Senarmontit!
faserig	unschmelzbar; $Mg+$, H_2O+	(Brucit s. S. 103!) Fasern haben α in der Längsrichtung	Kluftfüllungen bes. in Serpentin
nur derbe, feinkörnige Massen, marmorähnlich; Knollen in Gips	unlöslich in H_2O; Beim Schmelzen B-Fl.-Färbung	—	in Gipslagerst.
	schmilzt v. d. L. unter Grünfärbung der Flamme. Nachweis von B mit CaF_2 u. $KHSO_4$; in HNO_3 löslich	$2+$; Spaltblättchen nach (010) zeigen II. Mitt. α	in Boraxlagern, z. T. mit Coelestin

Seite 88! Von HCl zersetzbar (nicht löslich) ist **Meerschaum** und **Gymnit**. Siehe nächsten Abschnitt!

| derb, nierig | wird v. d. L. hart, unschmelzbar; wenig H_2O+ (nur bei hoher Temp.) | für Talk s. S. 103! | als selbständige Gesteinslagen mit Chlorit; in Form von Pseudomorphosen; auf manchen schwedischen Erzlagerst. |

Name Chem. Zus.	Glanz ——— Farbe	Härte ——— Dichte	Kristall- system	Ausbildung der Kristalle	Spaltbarkeit ——— Bruch
Meerschaum (Sepiolith) $2\,MgO . 3\,SiO_2 .$ $2\,H_2O$	matt ——— weiß, gelblich, grau, rötlich	$2-2^1/_2$ ——— 2	kryptokrist.	—	—
Gymnit [1] Deweylith $Mg_4Si_3O_{10}+aq$	fettartiger Glanz ——— gelb, bräunlich, grünlich; rot= **Eisengymnit**	$2-3$ ——— $2·0-2·3$	amorph?	—	—
Garnierit Numeait $H_4(NiMg)_3Si_2O_{11}$	schimmernd bis matt ——— grün, blaugrün	$2-4$ ——— $2·2-2·7$	kryptokrist.	—	.–
Serpentin $H_4Mg_3Si_2O_9$	Glasgl., Fettgl., Seidengl., matt bis schimmernd ——— grüne Farben mit Übergängen in gelb und schwarz. Auch andere Farben. Fleckige, flammige, aderförmige Zeichnung!	$3-4$ ——— $2·5-2·6$	mon.?	nur mikrokrist., bald faserig, bald blättrig-schuppig	bei Blätter- serpentin nach (001)

Brucit und **Nemalith** s. S. 102 u. 106! **Pyroaurit** s. S. 104!

III. A. 9. Zeolithgruppe. Farblose oder weiße, durch Verunreinigung gelblich bis rot verfärbte Minerale Mg und Fe, in HCl Kieselgallerte liefernd und v. d. L.

a) „Würfelzeolithe", kubisch oder pseudokubisch, **nicht** blättrig oder faserig

Name Chem. Zus.	Glanz ——— Farbe	Härte ——— Dichte	Kristall- system	Ausbildung der Kristalle	Spaltbarkeit ——— Bruch
Chabasit Würfelzeolith $CaAl_2Si_4O_{12} .$ $6\,H_2O$	Glasgl. ——— farbl., weiß seltener rötlich, braun	$4^1/_2$ ——— $2·1$	pseudokub. trig.	würfelähnliche Rhomboeder! Kombination mit Basis; linsenförmig = **Phakolith** Zw. nach (0001) mit hervorstehenden Ecken auf den Rhomboedern	$(10\bar{1}1)$ gew. undeut- lich
Apophyllit Ichthyophthalm $KCa_4[F(Si_4O_{10})_2]$ $8\,H_2O$	Glasgl., auf (001) Perlmuttergl. ——— farbl., weiß, gelblich, rötlich; auch rosenrot, braun, lichtgrünlich	$4^1/_2-5$ ——— $2·3-2·4$	z. T. pseudo- kub. tetr.	tafelig, würfelig, spitzpyramidal	s. v. (001)

[1] Gymnit mit NiO-Gehalt bis $30°/_0$=**Genthit**; s. S. 78!

Aggregate	Chem. Verhalten	Opt. Verhalten	Bemerkungen; Begleiter
derbe, dichte, erdige Massen; porös! Schwimmt auf Wasser!	schrumpft v. d. l. ohne zu schmelzen; durch HCl zersetzbar H_2O+	undurchsichtig	klebt an der Zunge. In Serpentingebieten mit Magnesit, Opal u. a.
dicht, traubig, stalaktitisch	kaum schmelzbar; wird von HCl zersetzt H_2O+	—	spröde, rissig! Trümer in Serpentin, Kalkstein oder Dolomit
derbe, nierige Massen	v. d. L. fast unschmelzbar; $Ni\pm$, (Perle) H_2O+	—	in zersetzten, Ni-führenden Serpentingebieten mit Opal, Chalzedon, Magnesit, Gymnit
blättrig, schuppig, faserig, dicht, derb, eingesprengt	kaum schmelzbar; von HCl unter Abscheidung von schleimiger Kieselgallerte zersetzbar	$\beta = 1\cdot50 - 1\cdot57$	gesteinsbildend. Pseudomorph nach Olivin u. a. Faserige Ausbildung = **Chrysotil**, Chrysotilasbest. Blättrig = **Antigorit.** Schön gelb oder grüngefärbter S. = **Edelserpentin.** Häufiger Begl. in Adern ist dichter Magnesit

von Härte $3^1/_2$ bis $5^1/_2$, leicht und reichlich H_2O abgebend, Alumosilikate von Na, K, Ca, Ba ohne meist unter Aufblähen und Schäumen schmelzbar

nur Drusen; keine Aggr.	unter Aufblähen zur Kugel schmelzbar	durchsichtig, durchscheinend; n = um $1\cdot48$ $1-$, zuweilen $1+$ opt. oft anomal	In Hohlräumen von Basalten u. Phonolithen u. verwandten Gest., in Graniten. In ersteren Vork. mit anderen Zeolithen, im zweiten mit Feldspat, Quarz, Epidot Fluorit u. a.
körnig	schmilzt unter Aufblättern u. -schäumen zu weißem Glas	$1\pm$; n = um $1\cdot536$ Basisblättchen oft anomal zweiachsig und felderweise doppelbr.	in Blasenräumen von Basalten u. Phonolithen, in Graniten, auf Magnetitlagerst., auf Erzgängen. Begl.: Zeolithe, Calcit u. a.

Name Chem. Zus.	Glanz ――― Farbe	Härte ――― Dichte	Kristall- system	Ausbildung der Kristalle	Spaltbarkeit ――― Bruch
Analcim $NaAlSi_2O_6 . H_2O$	Glasgl. ――― farbl., weiß, gelb- lich, hellgrau, grünlich; rötlich bis fleischrot, dann gew. von Strei- fen durchzogen	$5^1/_2$ ――― $2·2—2·3$	kub.	fast nur Ikositetraeder	――― musch. bis uneben

Hierher gehören: **Faujasit,** kleine Oktaeder und **Herschelit, Gmelinit,** trig. mit scheinbar hex.

b) „**Blätterzeolithe**", blättrige Ausbildung mehr oder weniger charakteristisch.

Name Chem. Zus.	Glanz ――― Farbe	Härte ――― Dichte	Kristall- system	Ausbildung der Kristalle	Spaltbarkeit ――― Bruch
Desmin Stilbit der englischen und französischen Literatur $(CaNa)_2Al_5Si_{13}$ $O_{36} . 14 H_2O$	Glasgl., auf Spaltflächen Perlmuttergl. ――― farbl., weiß, gelblich, grau, braun; selten blaßrot, ziegelrot	$3^1/_2—4$ ――― $2·1—2·2$	pseudo- rhomb., mon.	breitsäulig, flach- säulig, nadelig, spanförmig. Gew. zu garbenförmigen Büscheln verbunden. Pseudorhomb. als Durchkreuzungszw.	v. (010)
Heulandit Blätterzeolith $CaA_2Si_7O_{18} . 6 H_2O$	Glasgl., auf Spaltflächen starker Perlmutterglanz ――― farbl., weiß gelblich, bräun- lich, grau, selten ziegelrot	$3^1/_2—4$ ――― $2·2$	mon.	dünn- bis dicktafelig, schuppig. Größere ×× zusammen- gesetzt aus mehr oder weniger par- allel angeordneten Blättchen	s. v. (010)
Phillipsit Kalkharmotom $(CaNa_2K_2)_2 .$ $[Al_2Si_{11}O_{30}] .$ $10 H_2O$	Glasgl. ――― farbl., weiß, gelblich, grau- weiß, rötlich bis fleischrot	$4^1/_2$ ――― $2·2$	pseudo- rhomb., pseudotetr., pseudokub., mon. ×× klein	dicktafelig, kurz- säulig, durch einfache Verzw. pseudo- rhomb., durch mehr- fache Verzw. pseudo- tetr. bis pseudokub. (010) u. (110) gerieft. Siehe Bemerkung!	(001) (010)
Harmotom $(BaK)_2 . [Al_4Si_{11}O_{36}] .$ $12 H_2O$	Glasgl. ――― weiß; seltener rötlich, gelblich, bräunlich	$4^1/_2$ ――― $2·44—2·5$	pseudo- rhomb., pseudotetr. mon.	ganz ähnlich dem Phillipsit, nur über- wiegen die Durch- kreuzungszw. ×× im Durchschnitt größer als die von Phillipsit	(010)

Hierher gehören: **Apophyllit,** wenn blättrig-schalig entwickelt; siehe vorigen Abschnitt! Über-

c) „**Faserzeolithe**", hauptsächlich nadelig bis faserig entwickelt.

Name Chem. Zus.	Glanz ――― Farbe	Härte ――― Dichte	Kristall- system	Ausbildung der Kristalle	Spaltbarkeit ――― Bruch
Laumontit $CaAl_2Si_4O_{12} .$ $4 H_2O$	Glasgl , z. T. Perlmuttergl. matt, trüb ――― farbl., weiß, gelblich	$3—3^1/_2$ ――― $2·25—2·35$	mon.	langsäulig; gew. nur (110) entwickelt	v. (010) und v. (110)

Aggregate	Chem. Verhalten	Opt. Verhalten	Bemerkungen; Begleiter
z. T. aufgewachsen	schmilzt zu farblosem Glas, färbt die Flamme gelb	isotrop $n = 1 \cdot 487$ Splitter auf-gewachsener $\times\times$ meist anomal doppelbr.	in Blasenräumen basaltischer Gest., auf Erzgängen, in Magnetitlagern, als Um-wandlungsprod. von Nephelin, Gemeng-teil im Teschenit. $\times\times$ auf Toneisenstein (Hannover)

Doppelpyramiden (ähnlich dem Chabasit).

Aggregate	Chem. Verhalten	Opt. Verhalten	Bemerkungen; Begleiter
stengelig, strahlig	v. d. L. nach Auf-blähen zur Kugel schmelzbar	durchsichtig bis durchscheinend; **2—**; $\alpha = 1 \cdot 494$ $\gamma = 1 \cdot 500$ schwache Doppelbr. Spaltblättchen zeigen **kein** Achsenbild	in Blasenräumen basaltischer u. a. Er-gußgest. Auf Klüften von Graniten und krist. Schiefer; auf Erzlagerst. mit Mag-netit, Blei- und Silbermineralen
meist Drusen; seltener schuppig-blättrige Aggr., nicht rosetten-förmig	Bläht sich v. d. L. auf und schmilzt zu weißem Glas	durchsichtig bis durchscheinend; **2+**; $\alpha = 1 \cdot 498$ $\gamma = 1 \cdot 505$ auf Spaltfl. I. Mitt. $\gamma . 2 V\gamma$ von 0 bis 90^0 schwankend!	in Basalten u. verwandten Gest., auf Hohlräumen u. Klüften. Auch in krist. Schiefern, auf Erzlagerst. Rotgefärbte H. vom Fassatal auf Granit. Begl. andere Zeolithe
Drusen; selten kugelige, radial-faserige Aggr.	v. d. L. zur Kugel schmelzbar	durchscheinend, selten durchsichtig; **2+**; $\beta = 1 \cdot 48$ bis $1 \cdot 57$ Schwache Doppelbr. Charakter der Längs-richtung positiv	vorw. in Hohlräumen von Basalten mit Analcim, Chabasit. Unterscheidung von Harmotom durch Fehlen der Ba-Fl.-Färbung, durch die gew. kleineren $\times\times$ und durch die Riefung in den Kerben der Zw.; diese sind bei Ph. gerieft, bei H. glatt!
	wie Phillipsit! Ba-Fl.-Färbung	durchscheinend bis trüb; **2+**; $\alpha = 1 \cdot 503$ $\gamma = 1 \cdot 508$ schwache Doppelbr.	Bes. auf Erzgängen mit Baryt, Calcit, Bleiglanz, Quarz. Seltener mit Chabasit in Hohlräumen von Basalten. In Quarzgeoden von Idar-Oberstein

Epistilbit siehe Handb.! Vergl. auch bei „Faserzeolithen" im folgenden Abschnitt!

Aggregate	Chem. Verhalten	Opt. Verhalten	Bemerkungen; Begleiter
stengelig, bröckelig, erdig	v. d. L. unter Auf-blähen schmelzbar	**2—**; $\alpha = 1 \cdot 513$ $\gamma = 1 \cdot 523$ Ausl. auf (010) $z\gamma = 25^0$	vorw. in Hohlräumen bas. Ergußgest., auch in Tiefengest. u. auf Klüften krist. Schiefer. Auf Erzgängen, in Tonschiefern. Begl. z. B. Amethyst in Theiß, ged. Kupfer am Oberen See An der Luft matt und trüb werdend

Name Chem. Zus.	Glanz --- Farbe	Härte --- Dichte	Kristall-system	Ausbildung der Kristalle	Spaltbarkeit --- Bruch
Natrolith Natronmesotyp $Na_2Al_2Si_3O_{10} \cdot 2H_2O$	Glasgl., z. T. seidenartig --- farbl., gelblich, rosa, blaß- bis ziegelrot, gelbbraun	$5-5^1/_2$ --- $2 \cdot 17-2 \cdot 25$	pseudotetr. rhomb.	säulig bis nadelig, haarförmig	
Skolezit Kalkmesotyp $CaAl_2Si_3O_{10} \cdot 3H_2O$	Glasgl., z. T. seidenartig --- farbl., weiß, gelblich bis bräunlich	$5-5^1/_2$ --- $2 \cdot 2-2 \cdot 4$	pseudotetr. mon.	säulig bis nadelig, haarig	
Mesolith Zus. zwischen Natrolith u. Skolezit	Glasgl., Seidengl. --- farbl., weiß, gelblich, hellgrau	5 --- $2 \cdot 2-2 \cdot 4$	pseudotetr. mon.	selten säulig; meist nadelig bis haarig	
Thomsonit Comptonit $NaCa_2Al_5Si_5O_{20} \cdot 6H_2O$ Vergl. auch vorige Gruppe!	Glasgl., auf Spaltfl. Perl- muttergl. --- weiß, grau, gelblich, rötlich, grünlich	$5-5^1/_2$ --- $2 \cdot 3-2 \cdot 4$	rhomb.	Einzelkristalle selten, mit (110) und gerundeten (011). Dicktafelig, kurzsäulig; kreuz- förmige Zw.	v. (010)

III. A. 10. Die Feldspatgruppe. Monokline und trikline Minerale, vielfach Zwillinge, Härte 6. Farbe anderen Farben. In Klüften aufgewachsene ×× farblos, weiß, z. T. mit

a) **Kali(natron)feldspate**   Flächen, die praktisch aufeinander senkrecht stehen. S. Abb. 5—12

Sanidin **Orthoklas** **Mikroklin** **Perthit** $KAlSi_3O_8$ mit $\pm$ Na statt K [1]	Glasgl., auf Spaltfl., bes. auf (001) Perlmuttergl.; auch matt --- farbl., weiß, grau, gelblich, bräun- lich, rötlich bis ziegelrot, u. a. Farben; grün, bläulichgrün = **Amazonit** **(Amazonen-** **stein)**, gold- gelb = **Edelorthoklas**	6 --- $2 \cdot 53-2 \cdot 56$	mon. und trikl. pseudomon.	Einfache ×× in Tiefen- u. Erguß- gest. langsäulig nach der x-Achse, seltener tafelig nach (010)Abb. ×× aus Pegmatiten nußförmig wie Abb. Wichtigste Flächen: P = (001), M = (010), (110), (130), (021), $(\bar{2}01)$, $(\bar{1}01)$, $(\bar{1}11)$. Zw. sehr häufig: 1. Karlsbadergesetz, Abb. 10 2. Bavenoergesetz, Abb. 12 3. Manebacher- gesetz, Abb. 11 ×× oft groß, selbst Riesenkristalle	s. v. (001) u. (010), schlecht nach (110) u. $(1\bar{1}0)$. Bei Perthiten Teilbarkeit. nach etwa $(\bar{8}01)$. Bei Sanidin Risse quer zur x-Achse. Spaltwinkel 90^0

[1] Starke Beimischung von $NaAlSi_3O_8$ führt zu den **triklinen Kalinatronfeldspaten**, den **Anorthoklasen**;

Aggregate	Chem. Verhalten	Opt. Verhalten	Bemerkungen; Begleiter
Drusen u. Krusten nadeliger bis haariger ××. Nierig, radialstrahlig, konzentrisch-schalig, verworrenfaserig (**Spreustein**), dicht	sehr leicht schmelzend	×× vielfach wasserklar; 2+; $\alpha = 1\cdot480$ $\gamma = 1\cdot493$ (Nadeln gerade ausl. Unterschied gegen Mesolith u. Skolezit) γ in der Längsrichtung	in Hohlräumen von Phonolithen, seltener von Basalten. Strahlige Aggr. in Syeniten = **Brevicit**; auf Klüften in Graniten u. krist. Schiefern. Pseudomorph nach Eläolith, Sodalith, Cancrinit (**Spreustein**)
büschelig, radialstrahlig bis faserig	wie Natrolith! Ca-Fl.-Färbung	durchsichtig bis trüb. 2−; $\alpha = 1\cdot512$ $\gamma = 1\cdot519$ Säulchen löschen schief aus (bis 17⁰) und haben α in der Längsrichtung (Vergl. Natrolith)!	in Hohlräumen und Klüften jungvulkanischer Gest., auf Klüften in Granit, Syenit u. krist. Schiefern
büschelige, strahlige bis feinfaserige Aggr.; auch derb, kryptokrist., erdig	wie Natrolith und Skolezit!	Die Nadeln löschen wenig schief aus. α in der Längsrichtung	Vork. wie Natrolith
fächerförmige, stengelige, strahlige Büschel. Nierige, kugelige, knollige Aggr.	v. d. L. unter Aufblähen zur Kugel schmelzbar	2+ $\alpha = 1\cdot497$ $\gamma = 1\cdot525$ hohe Doppelbr. AE quer zur Längserstreckung; Spaltblättchen zeigen I. Mitt. γ (2 V groß)	in Blasenräumen phonolithischer und basaltischer Gest., in zersetzten Eläolithen mit anderen Zeolithen. Selten in Pegmatiten. Fächerförmige Gruppen sehen dem Prehnit ähnlich!

bei eingewachsenen Feldspaten gew. weiß, grau, gelblich, rötlich bis ziegelrot, seltener grün oder in weißlichem oder bläulichem Schimmer. Besonderes Merkmal ist die s. v. Spaltbarkeit nach zwei

derb, körnig, spätig; Drusen in Pegmatiten mit Quarz, Albit, Turmalin u. a., eingewachsen	von HCl u. HNO₃ nicht angreifbar; schwer schmelzbar. K und Na nur mikrochem. nachweisbar	dünne Spaltblättchen durchsichtig. Sanidin glasig, durchscheinend; 2−; selten 2+ = **Isoorthoklas** bezw. **Isomikroklin** Bei manchen Sanidinen AE ∥ (010) mit kleinem 2 Vα, sonst 2 Vα groß. Sanidin u. Orthoklas gerade ausl. auf (001), Mikroklin 15—17⁰ schief, meist gitterartigen Lamellenbau zeigend. Ausl. auf (010) 4—12⁰. Schwache Licht- und Doppelbr.	wichtigster Gesteinsgemengteil. Als Sanidin nur in Ergußgest. Große ×× mit Quarz u. a. in Pegmatiten. **Perthit** = Mikroklin mit Albiteinlagerungen durch Entmischung; feine Entmischung = **Mondstein** und **Kryptoperthit** z. T. mit Farbenspiel. Orientierte Einschlüsse von Hämatit mit Lichtschimmer = **Sonnenstein, Avanturinfeldspat.** **Edelorthoklas** ist durchsichtig. Orientierte Verwachsung mit Quarz = **Schriftgranit** Außer der angeführten Zw. noch weitere komplizierte Verwachsungen

sie sind an Ergußgesteine gebunden.

Name Chem. Zus.	Glanz — Farbe	Härte — Dichte	Kristall- system	Ausbildung der Kristalle	Spaltbarkeit — Bruch
Adular [1] **Paradoxit** **Valencianit** Zus. wie vorstehend!	wie vorstehend! — farblos, weiß, gelblich, rötlich	6 — 2·53—2·56	pseudomon., trikl. pseudo- rhomboe- drisch	Ausbildung s. S. 39! z. T. von Chlorit- staub bedeckt; manche pseudo- rhomboedrisch; Zw. nach Manebacher- gesetz (s. Abb. 11). Paradoxit und Valencianit gerne parkettiert, hypo- parallel verwachsen, pseudo- rhomboedrisch	Spaltbarkeit wie vor- stehend! **Keine** Abson- derungs- flächen

b) Die Gruppe der Plagioklase oder Kalknatronfeldspate. (s. Abb. 13—15!)

Name Chem. Zus.	Glanz — Farbe	Härte — Dichte	Kristall- system	Ausbildung der Kristalle	Spaltbarkeit — Bruch
Albit, Oligoklas, Andesin, Labrador, Bytownit, Anorthit Isomorphe Mischung von: $NaAlSi_3O_8 =$ Albit und $CaAlSi_2O_8 =$ Anorthit	Glasgl., auf Spaltfl. Perlmuttergl. z. T. metallischer Schiller — farbl., weiß, grau, gelblich, bräunlich, rötlich, ziegelrot, selten andere Farben	6 — 2·613 für Albit, 2·754 für Anorthit	pseudomon. trikl.	kurzsäulig, dick- tafelig nach (010); bei **Periklin** Erstreckung nach der y-Achse. Sehr häufig Zw. 1. Albitgesetz; die Ind. stehen sym- metrisch zur (010), s. Abb. 14! Oft in vielfacher Wieder- holung, dadurch Riefung auf (001)= Unterscheidung von Orthoklas. 2. Periklingesetz, Zw.-Achse ist y-Achse 3. Karlsbadergesetz u. a. wie bei Kalifeldspat	s. v. (001) und (010) Spalt- winkel = $86^1/_2{}^0$

III. A. 11. Die Gruppe der

Vorw. monokline, seltener rhombische Minerale von Härte $5^1/_2$—6. Im allgemeinen dunkel gefärbt, weiß und sehr selten farblos. Charakteristisches Kennzeichen ist die Spaltbarkeit nach (110) mit einem Splitter sind im Mikroskop pleochroitisch, wenn satter gefärbt. Vergl. Abb. 16—19!

1. Monokline Hornblenden. a) Strahlsteingruppe, arm an Al_2O_3 und Fe_2O_3.

Name Chem. Zus.	Glanz — Farbe	Härte — Dichte	Ausbildung der Kristalle	Spaltbarkeit
Tremolit (Grammatit) $Ca_2Mg_5Si_8O_{22}$ mit wenig Fe	gem. Glasgl., bei Faseraggr. Seidengl. — weiß, grau, gelblich, hellflaschengrün	$5^1/_2$—6 — 2·9—3·1	langsäulig, stengelig, linealartig, nadelig, faserig bis haarig; gew. nur (110) ausgebildet, keine Kopfflächen	v. (110) (s. Abb. 16)

[1] **Hyalophan** = Kalifeldspat mit beigemischtem **Celsian** ($BaAlSi_2O_8$); nach äußeren Merkmalen von Ba durch Flammenfärbung **nicht** möglich.

Aggregate	Chem. Verhalten	Opt. Verhalten	Bemerkungen; Begleiter
aufgewachsen, Drusen. Nicht eingewachsen	wie vorstehend!	2−; Adulare meist durchsichtig bis durchscheinend, z. T. mit bläulichem oder weißem Lichtschimmer ähnlich dem Mondstein. Ausl. wie oben.	auf Gesteinsklüften mit Bergkristall, Albit, Chlorit, Sphen u. a. Paradoxit und Valencianit in Erzlagerst. Vergl. die Kristallbilder Abb. 8 u. Manebacher Zw. oft mit Bavenoer Zw. kombiniert.
Drusen von gew. zwei Individuen nach dem Albitgesetz; körnige, spätige Aggr.; eingewachsen	nur Anorthit und nahestehende Glieder von HCl zersetzbar; Na und Ca nur mikrochemisch nachweisbar	manche ×× wasserklar, meist trübe. Saure Glieder selten mit Farbenspiel (**Peristerit**); buntes Farbenspiel bei manchen Labradoren. Einzelne Oligoklase zeigen infolge von orientiert eingelagerten Hämatitschüppchen metallartigen Schiller (**Sonnenstein**), Labradore mit Ilmeniteinschlüssen bronzeartigen Schiller. Lichtbrech. schwach: Albit: $\beta = 1{\cdot}533$ Anorthit: $\beta = 1{\cdot}584$ Ausl. auf (010), die zur genauen Bestimmung führt, s. Abb.15	wesentlicher Gemengteil vieler Gest. Saure Typen in Pegmatiten, Graniten, Granitgneisen, basische in dunklen Gest. Perikline und Albite häufig als Kluftminerale. Einfache Unterscheidung von Kalifeldspat durch Zwillingsriefung auf (001). Spezielle Bestimmung siehe in einschlägigen Handb.!

Hornblenden oder Amphibole.

hauptsächlich grün bis schwarz in allen Schattierungen, auch graublau bis bläulichschwarz, braun, gelblich Winkel von ungefähr 124⁰ (s. Abb. 16) zum Unterschied gegenüber den Augiten mit 87⁰ (s. Abb. 20)

Aggregate	Chem. Verhalten	Opt. Verhalten	Bemerkungen
stengelig, strahlig; faserig ≏ **Asbest**	kaum schmelzbar; von Säuren wenig angreifbar Mg+	2−; β um $1{\cdot}613$ AE ∥ (010) Ausl. auf (010) s. Abb. 19b!	in metamorphen Kalken mit Salit, Wollastonit u. a., in Hornfelsen, in Serpentingest. z. T. umgewandelt in Talk. Unterscheidung vom sehr ähnlichen Wollastonit durch die Lage der AE quer zur Längserstreckung und zu den Spaltrissen bei letzterem

Kalifeldspat nicht unterscheidbar. Tracht ist die Adulartracht. Vorkommen im Dolomit vom Binnental.

Name Chem. Zus.	Glanz ——— Farbe	Härte ——— Dichte	Ausbildung der Kristalle	Spaltbarkeit
Aktinolith Strahlstein i. e. S. Zus. wie vor- stehend nur Fe-reich	Glanz wie vorstehend! ——— flaschengrün in verschiedener Schattierung bis schwarzgrün	$5^{1}/_{2}$—6 ——— $2 \cdot 9$—$3 \cdot 1$	langsäulig, stengelig, linealartig, nadelig, faserig bis haarig; gew. nur (110) ausgebildet, keine Kopfflächen	v. (110) (s. Abb. 16)

Grünerit ist eine eisenreiche Hornblende mit wenig Mg und Al_2O_3, vorw. braun, auch farblos, in bis $3 \cdot 7$, durch Glühen schwarz werdend.

b) Al_2O_3 und Fe_2O_3-haltige Glieder

Gem. Hornblende $Ca_2Mg_5(OH_2)Si_8O_{22}$ mit Gehalt an: Na, Fe^{II}, Fe^{III}, Mn, Al und Ti eisenarm = **Edenit,** eisenreich = **gem. Hornbl.,** **Karinthin** und **Pargasit.** Fe_2O_3-reich = **basaltische** **Hornblende**	gem. Glasgl., z. T. schimmernd ——— meist grün bis schwarz (gem. H. basalt. H.); braun bis braungrün (Karinthin); lauchgrün bis blaugrün (Pargasit); bläulichgrün, fast farbl. (Edenit). Strich oft gelblich, bräunlich, grau, graublau, grünlich	5—6 ——— $2 \cdot 9$—$3 \cdot 4$	gew. kurzsäulig mit (110) u. (010), scheinbar hex. Querschnitte, vielfach nur drei Flächen am Kopf (wie trig. aussehend) s. Abb. 18! Zw. nach (100) **ohne** ein- springende Winkel. Oft schilfig, ohne Endflächen, dann nur (110). Basalt. H. kantengerundet, geflossen, korrodiert.	v. (110) s. Abb. 16!

c) **Alkaliamphibole, Natronhornblenden:** **Glaukophan,** graublau, lavendelblau mit schlecht ent-
Arvfedsonit, tiefblauschwarz bis rabenschwarz, dicksäulig,
neben dem samtschwarzen **Barkevikit** (oft große ××
Riebeckit, blauschwarze bis schwarze, schlecht entwickelte,
in Erstarrungsgest. u. krist. Schiefern (Turmalin-ähnlich),

d) **Rhombische Hornblenden**

Anthophyllit $(MgFe)_7(OH)_2Si_8O_{22}$ **Gedrit** = Al_2O_3-hältig	Glasgl. bis Perlmuttergl., auf (010) metallisierend ——— grau, braun (nelken- braun), gelblich, grün, rosarot	5—6 ——— $2 \cdot 9$ – $3 \cdot 2$	nur (110), (010) und (100) entwickelt, Kopfflächen fehlen; langsäulig, nadelig	(110)

III. A. 12. Die Gruppe der

Minerale des monoklinen und rhombischen Systems von der Härte 5—6, meist dunkel gefärbt,
blenden durch den charakteristischen Prismenwinkel (110) : (110) und Spaltwinkel von etwa 87^0 (vergl.
Drusenmineral. (Vergl. Abb. 21, 23)!

a) **monokline Augite.**

Diopsid und **Salit** $CaMgSi_2O_6$	Glasgl., z. T. fettig ——— lauchgrün, flaschengrün, bis fast farbl. bei Diopsid i. e. S. Salit ist weiß, gelb, bräunlich	5—6 ——— $3 \cdot 3$	kurze Säulen mit vorh. (100), (010) und schmalen Prismen (110), daher acht- eckiger Querschnitt (Abb. 20). Auch nadelig, pyramidal; Zw. nach (100), vergl. Abb. 21!	deutlich nach (110) (s. Abb. 20) ungefähr 90-grädiger Winkel! Absonderung nach (100) bei Diopsid, nach (001) bei Salit

Aggregate	Chem. Verhalten	Opt. Verhalten	Bemerkungen
wie vorstehend! Feine Fasern, Haarfilz = **Amianth, Aktinolithasbest.** Verworren-faserige Aggr., kryptokrist., schiefrig erscheinend = **Nephrit**	je eisenreicher, desto schmelzbarer v. d. L.	**2—**; β um 1·630 sonst wie vor-stehend! Spaltblättchen pleochroitisch mit dunkleren Farben ± in der Richtung der z-Achse. (Schwingungs-richtung γ)	Gemengteil in Strahlsteinschiefern, in Chloritschiefer. Schöne ×× in Talkschiefer. **Smaragdit** ist filziges Aggr. in Gabbro, hier Umwandlungsprodukt von Augit. **Amianth** auf Klüften mit Epidot, Apatit u. a. Verworrener Filz = **Berg-kork, Bergleder, Bergholz** (z. T. Tremolit!)

blättrig-strahlig-faserigen, asbestartigen Aggregaten in Glimmerschiefern mit Magnetit, Granat. Dichte

| strahlig bis schilfig, faserig; körnig | die eisenreichen Arten zur dunklen, magnetischen Kugel schmelzbar; von Säuren nicht angreifbar | **2—**; (nur Pargasit **2+**) β um 1·64 Spaltblättchen nach (110) pleochroitisch mit dunkleren Farb-tönen ± // z-Achse. Ausl. auf (010) s. Abb. 19 a! | Edenit und Pargasit sind Kontakt-minerale. Gem. Hornblende sehr verbreiteter Gesteinsgemengteil. Basalt. H. in Er-gußgest. und Tuffen, hier oft große, korrodierte ××. Pseudomorphosen nach Augit = **Uralit.** Spaltwinkel u. Pleochroismus sind wich-tige Unterscheidungsmerkmale gegenüber Augit! Spaltbarkeit ist bei H. auch voll-kommener als bei diesen |

wickelten ××, leicht schmelzbar, Na-Flammenfärbung, Gemengteil in kristallinen Schiefern, ferner langsäulig oder tafelig, sehr leicht schmelzbar, Na-Flammenfärbung, Gemengteil in Eläolithsyeniten oder Spaltstücke) geben blaugrauen bis dunkelolivgrünen Strich. Siehe daher dort!
stengelige bis schilfige ××, z. T. feinfaserig **(Krokydolithasbest)** blau (zersetzt goldgelb = **Tigerauge,** mit blaugrauem Strich siehe dort!

| stengelig, blättrig, parallel- oder radialstrahlig | kaum schmelzbar; von Säuren kaum angreifbar | **2—** und **2+** β um 1·63 Spaltblättchen haben in der Längsrichtung γ und **gerade** Ausl. Oft pleochroitisch | in krist. Schiefern, in Serpentin, in sog. „Glimmerkugeln" in Graniten, um Olivinknollen in Granitgneisen. Gedrit sehr ähnlich dem Bronzit |

Augite oder Pyroxene.
grün bis schwarz, braun, gelb, grau, weiß und sehr selten farblos. Unterscheidung von den Horn-
Abb. 20). Meist als wesentliche Gemengteile verschiedener Gesteine vorkommend, selten Kluft- und

| derb, körnig, schalig | schwer schmelzbar; von Säuren kaum angreifbar Mg+ | **2+**; β um 1·675 Ausl. auf (010) schief, Winkel 39—47⁰ gegen die z-Achse (s. Abb. 23)! kein Pleochroismus! | ×× von Diopsid i. e. S. auf alpinen Klüften mit Hessonit und Chlorit. Als Übergang zum gem. Augit in zahl-reichen Gest. Salit in metamorphen Kalken mit Tre-molit u. a. Unterscheidung von diesem durch Spaltwinkel und Absonderung nach (001). D. mit etwas Chromgehalt = **Chrom-diopsid** |

Name Chem. Zus.	Glanz --- Farbe	Härte --- Dichte	Ausbildung der Kristalle	Spaltbarkeit
Diallag wie oben, jedoch Gehalt an Al_2O_3 und Fe_2O_3	auf (100) perlmutterartiger Gl., und öfter metallischer Schimmer --- grau, grün, braun, bräunlichgrün bis fast schwarz. Blau oder violett = **Violan**	ähnlich wie oben!	blättrig bis tafelig, rund- liche Körner	sehr gute Absonderung nach (100) neben Spalt- barkeit nach (110)
Hedenbergit $CaFeSi_2O_6$ mit öfterem Mn- Gehalt	gem. Glasgl. --- schwärzlichgrün bis schwarz; braun bei **Schefferit,** dunkelgrau bis braunschwarz = **Jeffersonit**	ähnlich wie oben!	schlecht entwickelte Körner und Stengel	(110)
gemeiner Augit, **basaltischer Augit** $CaMgSi_2O_6$ $CaFeSi_2O_6$ mit Al_2O_3- Fe_2O_3- und Ti- Gehalt	gem. Glasgl. --- grauschwarz, grünlich- schwarz bis rabenschwarz; lauchgrün, bräunlichgrün; selten fast farblos	6 --- $3{\cdot}3—3{\cdot}5$	kurzsäulig, dicksäulig, auch langsäulig bis nadelig, (selten) nadelig, breittafelig. Achtseitiger Querschnitt (s. Abb. 20)! Zw. nach (100) und Durch- kreuzungszw.	gut nach (110); char. Spalt- winkel von 87⁰ ist Unter- scheidung von Hornblende
Ägirin und **Akmit** [1] $NaFeSi_2O_6$	Glasgl. bis Harzgl., z. T. halbmetallisch --- grünlichschwarz bis schwarz, bräunlich- schwarz, rötlichbraun	$6—6^{1}/_{2}$ --- $3{\cdot}5$	dicksäulig, breitsäulig, linealartig, nadelig mit stumpfem oder sehr spitzem Kopfende. Abb. Auch Fasern und Härchen	(110)
Jadeit [1] $NaAlSi_2O_6$	Glasgl. --- grünlich bis weiß	$6^{1}/_{2}$ --- $3{\cdot}2—3{\cdot}3$	mikrokristallinisch	—

b) Rhombische Augite

Name Chem. Zus.	Glanz --- Farbe	Härte --- Dichte	Ausbildung der Kristalle	Spaltbarkeit
Enstatit $MgSiO_3$ mit $FeSiO_3$ bis 5⁰/₀	Glasgl., auf Spaltflächen perlmutterartig --- grünlichgelb, bräunlich, grünlich bis dunkelgrün	5—6 --- $3{\cdot}1$	säulig, nadelig, gew. schlecht ausgebildet	(110), Absonderung nach (100)

[1] **Alkaliaugite!**

Aggregate	Chem. Verhalten	Opt. Verhalten	Bemerkungen
körnig, schalig; rundliche Körner in Kontaktgest. = **Kokkolith**	v. d. L. schmelzbar; von Säuren kaum angreifbar	ähnlich wie oben!	Ähnlich dem Bronzit! Unterscheidung durch gerade Ausl. des letzteren auf (010). Häufiger Gesteinsgemengteil bes. in Gabbro, Pyroxenit, Peridotit. Oft in Serpentin umgewandelt. **Violan** ist etwas Na-hältig
spätig, körnig, stengelig, derb	leicht zur magnetischen Kugel schmelzbar	ähnlich wie oben!	in metamorphen Kalken (Skarnen) mit Magnetit. **Schefferit** = Mg- und Mn-reicher H. aus Manganlagerst., braune oder schwarze Körner. **Jeffersonit** = H. mit Mn- und Zn-Gehalt aus Mn-Zn-Lagerst. von Franklin
Kornaggr., derb, eingewachsen, eingesprengt, kaum aufgewachsen	nur schwer zu schwarzem Glase schmelzbar; von Säuren kaum angreifbar	2+; $\beta = 1\cdot70—1\cdot74$ Splitter oder Spaltblättchen gelbgrün, braun, braunviolett durchsichtig. Nur z. T. schwacher Pleochroismus. Unterschied gegen Hornblende! Ausl. auf (010) s. Abb. 23!	Sehr verbreiteter Gesteinsgemengteil. Schöne ×× in Ergußgest. und Tuffen; schwarz = basaltischer Augit. **Fassait**, lauchgrün ist Kontaktmineral, auf Klüften oder eingewachsen in Kontaktgest. **Omphacit** = grüne Körner in Eklogit
eingewachsen, derb, in Hohlräumen von Ergußgest. haarförmige, faserige ×× und Büschel aufgewachsen	leicht zu magnetischem Glase schmelzbar; von Säuren wenig angreifbar Na-Fl.-Färbung	2−; $\beta = 1\cdot82$ Akmit in Splittern braun, Ägirin grün durchsichtig; letzterer etwas pleochroitisch. Ausl. auf (010) s. Abb. 23!	in Alkaligest. verbreitet mit Alkalihornblenden; auch in Pegmatiten. Selten in Hohlräumen von Ergußgest. **Ägirinaugit** = Übergang zum gem. Augit
faserig, verfilzt, körnig, dicht	schmilzt v. d. L. zur klaren Perle, die von HCl zersetzbar ist	β um $1\cdot65$	Einlagerungen in krist. Schiefern
derb, körnig	unschmelzbar; von Säuren nicht angreifbar Mg+	2+; β um $1\cdot65$ gerade ausl., in der Längsrichtung γ	Gemengteil in gabbroiden Gesteinen, in Serpentinen. Begl. von Apatit und Phlogopit in Gängen. Z. T. umgewandelt in Talk

Name Chem. Zus.	Glanz ——— Farbe	Härte ——— Dichte	Ausbildung der Kristalle	Spaltbarkeit
Bronzit $MgSiO_3$ mit 5—15% $FeSiO_3$	metallisierender Perlmuttergl., auf (100) Seidengl. ——— braun und grün in verschiedenen Tönen	5—6 ——— 3·2—3·5	kaum besser entwickelte ××, nur blättrig, tafelig	(110), starke Ab- sonderung nach (100)
Hypersthen $MgSiO_3$ mit 15—34% $FeSiO_3$	Glasgl., oft metallischer Schiller auf (100) ——— schwarzbraun bis schwarz, grünlichschwarz	5½—6 ——— 3·5	kleine, nadelige ××, gut entwickelt, nur selten; sonst blättrig, körnig	(110) Absonderung nach (100)

III. A. 13. Rest. Weiche Minerale. a) Al+.

Name Chem. Zus.	Glanz ——— Farbe	Härte ——— Dichte	Kristall- system	Ausbildung der Kristalle	Spaltbarkeit
Kaolin [1] Steinmark $Al_4(OH)_8$ $[Si_4O_{10}]$	matt, fettig ——— weiß, gelblich	1 ——— 2·66	kryptokrist.	über schuppige Ausbildung s. S. 102!	—
Pyrophyllit als **Agalmatolith** $Al_4(OH)_4$ $[Si_8O_{20}$	matt bis schimmernd ——— gelblich, grünlich, grau, rötlich	1½ ——— um 2·8	kryptokrist.	über blättrige Ausbildung des Pyrophyllit s. S. 102!	—
Hydrargillit Gibbsit $Al(OH)_3$	Glasgl., auf Spaltflächen Perlmuttergl., auch schimmernd ——— farbl., weiß, rötlich, bräunlich	2½—3 ——— 2·3—2·4	pseudohex. mon. ×× klein	kleine sechsseitige Täfelchen; Zw.	s. v. (001)
Allophan $xAl_2O_3 . ySiO_2 .$ zH_2O	Glasgl. ——— meist blau u. blaugrün; sonst weiß, gelb	3 ——— 1·9	amorph	—	—
Kryolith $NaAlF_6$	Glasgl., wie feucht aus- sehend, fettig, z. T. Perl- muttergl. ——— weiß; selten bräunlich, rötlich, schwarz	2½—3 ——— 2·94	pseudokub. mon. gute ×× selten	würfelähnlich; kurz- säulig; Zwillings- riefung, Oberfläche oft parkettiert	drei auf- einander fast senkrecht stehende Spaltfl.

[1] Dazu gehört auch **Dillnit**, das Muttergestein von Diaspor und **Anauxit**, derbe, feinkristalline Massen,

Aggregate	Chem. Verhalten	Opt. Verhalten	Bemerkungen; Begleiter
derb, blättrig	schwer schmelzbar; von Säuren nicht angreifbar	2+ und 2—; sonst wie oben! $\beta > 1\cdot65 < 1\cdot71$	Gemengteil in gabbroiden Gest. **Bastit (Schillerspat)** = in Serpentin umgewandelter B.
derb, körnig, blättrig	v. d. L. schwer zu magnetischem Glas schmelzbar; von Säuren kaum angreifbar	2—; β um $1\cdot7$ Spaltblättchen zeigen Pleochroismus zwischen rötlichbraunen und gelben Tönen	Gemengteil in gabbroiden Gest. und basischen Ergußgest. Mit Magnetkies in Cordieritgneisen (Bodenmais). Kleine $\times\times$ in miarolithischen Hohlräumen von Andesiten und Trachyten

Aggregate	Chem. Verhalten	Opt. Verhalten	Bemerkungen; Begleiter
derbe, erdige, lockere, leicht zerreibliche Massen	unschmelzbar; in H_2SO_4 vollk. zersetzbar H_2O+	—	erdige Massen rauh, Steinmark fettig anzufühlen; beim Anhauchen Tongeruch. Vork. als Verwitterungsprod., auch hydrothermal. Kaolin (oft verunreinigt) in großen Lagern
derb, dicht	unschmelzbar; H_2O-Abgabe erst bei hoher Temperatur	—	A. ist dichte Ausbildung des sonst blättrig-schuppigen Pyrophyllits. Ähnlich dem Speckstein, der jedoch Mg+ hat. Lagen in krist. Schiefern
strahlig, radialfaserig, schuppig, traubig, stalaktitisch; Krusten, warzenförmige Gebilde, knollig, derb, oolithisch	unschmelzbar; beim Erhitzen stark leuchtend; in heißen Säuren schwer löslich	2+; $\alpha = 1\cdot567$ $\gamma = 1\cdot589$	mit Natrolith; in Talkschiefern, in Serpentin. Umwandlungsprod. von Korund. Bestandteil der Laterite und Bauxite
derb, nierig, traubig, stalaktitisch, krustenförmig	unschmelzbar; von HCl zersetzbar	isotrop n um $1\cdot48$	auf Braunkohle, Limonit, Alaunschiefer, als Kluftfüllung usw.
derb; bei Drusen nur an der Oberfläche Kristallendigungen	leicht schmelzend; in H_2SO_4 vollk. löslich F+; färbt die Flamme gelb	durchscheinend; 2+; $\beta = 1\cdot339$ sehr niedere Lichtbrechung!	häufig Einschlüsse von Siderit, Zinkblende, Bleiglanz, Fluorit u. a.

pseudomorph nach Augit, mit Kaolin vergesellschaftet, Härte $2^{1}/_{2}$, Dichte $2\cdot5$, in verwitterten Basalten.

Name Chem. Zus.	Glanz --- Farbe	Härte --- Dichte	Kristall- system	Ausbildung der Kristalle	Spaltbarkeit --- Bruch
III. A. 13. b) Al−; Cl+					
Chlorsilber **Chlorargyrit** Silberhornerz Kerargyrit [1] $AgCl$	Diamantgl., Fettgl., auch matt --- grau, gelb, braun bis schwarz, dann matt; frisch farbl. mit Glanz	$1^1/_2$ --- $5·5—5·6$	kub. ×× klein	würfelig	—
Quecksilberhornerz Kalomel $HgCl$	Diamantgl. --- weiß, grau, gelblich, braun	$1—2$ --- $6·4—6·5$	tetr. ×× meist klein	prismatisch, tafelig, pyramidal, kurznadelig	v. (100)
Eine Reihe weiterer Chlorverbindungen, s. Handb.!					
III. A. 13. c) Al−, Cl−; Übrige					
Chrysokoll Kieselkupfer, Kiesel- malachit, Kupfergrün $CuSiO_3 + aq$	fettiger Glasgl., schimmernd bis matt --- smaragdgrün, bläulichgrün, bis blau; Strich oft grünlich	$2—4$ --- $2·2—2·4$	amorph; selten kristallinisch	—	—
Flußpat **Fluorit** CaF_2	Glasgl. --- farbl., häufig grünlich, bläulich, violett u. a. Farben; auch schwarz	4 --- $3·1—3·2$	kub.	vorw. Oktaeder und Würfel; Pyramiden- würfel u. a. Durchdringungszw. häufig	s. v. (111)
III. A. 14. Rest. Härte über vier; a) Mn+					
Karpholith Strohstein $MnAl_2$ $[(OH)_4/(SiO_3)_2]$	Seidengl. --- strohgelb, gelbgrün, gelbbraun	$5^1/_2$ --- $2·9$	rhomb.	feinfaserig, haarförmig	v. (010)
Troostit, rosagefärbter Mangan-reicher Willemit s. S. 126!					
Tephroit [2] Mn_2SiO_4 mit **Roepperit** = Zn-hältig	wachs- oder diamantartiger Glasgl. --- aschgrau mit bräunlichen und rötlichen Tönen, fleischrot, bräunlichrot	$5^1/_2—6$	rhomb. ×× selten	nadelig	nach drei Richtungen

---

[1] $AgBr$ = **Bromsilber, Bromargyrit**, AgJ = **Jodsilber, Jodargyrit**; vergl. Handb.!

Aggregate	Chem. Verhalten	Opt. Verhalten	Bemerkungen; Begleiter
derb, krusten-förmig, Anflug	schmilzt leicht zur Perle; in Säuren nicht löslich $Ag+$	durchscheinend; glänzt im Strich und beim Anritzen	im Ausgehenden von Silbererzlagerst. mit ged. Silber, Jodargyrit, Cerussit, Baryt, Calcit u. a.
krustenförmig, angeflogen	verflüchtigt v. d. L. in HCl und H_2SO_4 nicht löslich $Hg+$	$1-$; $\omega = 1\cdot973$ $\varepsilon = 2\cdot658$ sehr hohe Doppel-brechung!	auf Zinnoberlagerst. mit Fahlerz, Baryt, Quarz
dicht, derb, traubig, nierig, stalaktitisch, krustenförmig, eingesprengt, als erdiger Anflug	unschmelzbar; in HCl unter Ab-scheidung von pulveriger Kiesel-säure löslich H_2O+, $Cu+$	isotrop n = schwankend	im Ausgehenden von Kupfererzlagerst. mit Malachit, Azurit, Ziegelerz, Limo-nit u. a.
derb, körnig	auch in Splittern nur schwer schmelz-bar; Aggr. und ×× zer-knistern v. d. L. und leuchten auf $F+$	isotrop n = $1\cdot434$ im Ultraviolettlicht meist stark fluores-zierend; auch beim Erwärmen leuchtend	sehr häufiges Mineral auf Gesteins-klüften und auf Erzgängen; selbständige Massen
Faserbüschel, verfilzte Aggr.	von Säuren kaum angreifbar; H_2O+ erst bei hoher Temperatur	$2-$; $\alpha=1\cdot61$ $\gamma=1\cdot63$ Spaltblättchen zeigen schwache Doppelbrechung und Pleochroismus	in Drusenräumen in Greisen mit Fluß-spat; in Quarzknauern in krist. Schie-fern, in Quarzgeröllen
derb	schwer schmelzbar; mit HCl gelatinierend	$2-$; $\beta=1\cdot79$	auf Zink- und Manganlagerst. mit Franklinit, Willemit, Zinkit, Hausman-nit, Braunit u. a.

² (MnFe)$_2$SiO$_4$, breitstengelige, grauschwarze Aggr. in Magnetitlagerst. = **Knebelit**

Name Chem. Zus.	Glanz --- Farbe	Härte --- Dichte	Kristall- system	Ausbildung der Kristalle	Spaltbarkeit
Rhodonit $MnSiO_3$ und **Fowlerit** = Zn-, Fe-, Cu-hältig	Glasgl., auf Spaltflächen Perlmuttergl. --- lichtfleischrot, rosarot, himbeer- rot, braunrot, rötlichbraun, oft schwarzfleckig; rötlichgrau = **Bustamit**	$5^1/_2$—$6^1/_2$ --- 3·4—3·68	trikl.	mehr oder weniger dicktafelig, säulig bis nadelig; Ecken und Kanten gerundet	v. (110) u. (1$\bar{1}$0), fast 90⁰ betragend --- musch. bis uneben

Hierher gehören: **Helvin** = 3 (MnFe)BeSiO₄ . MnS, kleine Tetraeder, gew. gelb; **Danalith** = Zn-
Inesit = CaMn₄[SiO₃]₅ . 3 H₂O, kleine trikl. ××.

III. A. 14. b) Mn−; Ti+.

Name Chem. Zus.	Glanz --- Farbe	Härte --- Dichte	Kristall- system	Ausbildung der Kristalle	Spaltbarkeit
Perowskit $CaTiO_3$	Diamantgl., halbmetallisch --- hell- bis dunkel- gelb, braun, rotbraun bis bräunlichschwarz; z. T. bräunlicher Strich!	$5^1/_2$ --- 4·02—4·04	mimetisch kub. mon.	in krist. Schiefern würfelig, in Er- starrungsgest. okta- edrisch; größere Würfel gestreift	(100)
Titanit **Sphen** CaTi[O/SiO₄]	fettartiger Glasgl., diamant- artig --- aufgewachsen: gelb, grünlich- gelb; ein- gewachsen: braun, rotbraun bis schwarz. Selten weiß oder blaßrot	5—$5^1/_2$ --- 3·4—3·6	mon.	aufgewachsen tafe- lig, meißelförmig, keilförmig ÷ **Sphen**; eingewachsen: briefumschlagartig Zw.	(110) --- musch.
Brookit TiO_2[1]	metallartiger Diamantgl. --- gelb, braun, rotbraun[1]	$5^1/_2$—6 --- 3·9—4·2	rhomb.[1]	meist flach- bis dünntafelig; prismatisch oder pseudohex., bipyra- midal s. Anm.[1]	—
Anatas TiO_2	metallartiger Diamantgl. --- am häufigsten blauschwarz; sonst gelb, braun, rotbraun, hyazinthrot. Selten farbl.	$5^1/_2$—6 --- 3·8—3·9	tetr.	meist spitzpyra- midal (bes. die blauschwarzen ××), die helleren stumpfpyramidal bis rundlich	v. (111)

Hierher gehört: **Neptunit**, (NaK)₂(Fe^II, Mn)Ti[Si₄O₁₂], pseudotetr. mon. ××, Härte $5^1/_2$—6, starker,
Natrolith.

[1] Dunklere Farben mit braunem oder gelbem Strich sowie prismatischen oder pseudohex.

Aggregate	Chem. Verhalten	Opt. Verhalten	Bemerkungen; Begleiter
derb, körnig, grobspätig, dicht; **Bustamit** ist radialstrahlig	schmilzt zur Kugel; von Säuren nicht angreifbar. Aufbrausen in HCl durch Verunreinigungen! Bei Fowlerit Zn+	2±; β um 1·74 alle Flächen schief ausl.	selbständige Lager mit Hornstein und Kieselschiefer; auf Mn-Lagerst., auf Gängen mit Zinkblende und Bleiglanz. **Fowlerit** auf Zn-Lagerst., **Bustamit** = CaO-hältig

hältiger Helvin, Oktaeder, **Pyrosmalith** = $H_7(FeMn)_5Si_4O_{16}Cl$ in hex. Täfelchen oder Säulchen und

Aggregate	Chem. Verhalten	Opt. Verhalten	Bemerkungen; Begleiter
eingewachsen oder aufsitzend	unschmelzbar; nur von heißer H_2SO_4 zersetzbar	selten durchscheinend, gew. undurchsichtig; $n = 2·38$ isotrop oder schwach doppelbr. Lamellenbau	in Chloritschiefern, in krist. Kalken; in manchen Basalten
aufsitzend oder eingewachsen. Selten derb, körnig, schalig	nur an den Kanten schmelzbar; von HCl nicht, von H_2SO_4 zersetzbar	Sphen durchsichtig bis durchscheinend 2+; $\alpha = 1·900$ $\gamma = 2·034$ Splitter zeigen sehr hohe Doppelbr.	Sphen auf alpinen Klüften mit Chlorit, Periklin, Apatit, Bergkristall, Rutil u. a.; eingewachsen bes. in Hornblende-führenden Gest. (Syeniten, Amphiboliten z. B.). Auch auf Magnetitlagerst.
nur aufgewachsen	unschmelzbar; von Säuren nicht angreifbar	durchscheinend 2+; n = sehr hoch; Blättchen nach (100) zeigen Kreuzung der AE für Rot und Blau	auf alpinen Klüften mit Bergkristall, Anatas, Adular, Sphen u. a. vergl. auch S. 64!
nur aufgewachsene Einzelkristalle	wie Brookit!	1−; n = sehr hoch	auf alpinen Klüften wie Brookit

schwarzer Glasgl., in dünnen Splittern blutrot durchscheinend und pleochroitisch, mit Benitoit und

bipyramidalen Formen = **Arkansit!** Siehe bei gelbem Strich S. 70!

Name Chem. Zus.	Glanz ——— Farbe	Härte ——— Dichte	Kristall- system	Ausbildung der Kristalle	Spaltbarkeit
III. A. 14. c) Rest					
Scheelit $CaWO_4$	fettartiger Diamantgl. ——— weiß, grau, gelb bis braun, selten farbl.	$4^{1}/_{2}$—5 ——— 5·9—6·1	tetr.	meist pyramidal, seltener tafelig bis linsenförmig	(111)
Wollastonit Tafelspat $CaSiO_3$	Glasgl.; Spalt- flächen perl- mutterartig; z. T. Seidengl. ——— meist weiß; auch grau, gelblich, rötlich	$4^{1}/_{2}$—5 ——— 2·8—2·9	mon.	×× meist schlecht ausgebildet; dick- tafelig, nadelig, haarig; gestreckt nach der y-Achse!	v. (100) u. (001)
Pektolith $Ca_2NaSi_3O_8 . OH$	Glasgl., perl- mutterartig; Seidengl. ——— weiß bis grau	5 ——— um 2·8	mon.	langsäulig bis nadelig	v. nach einer Richtung
Hemimorphit **Kieselzinkerz** Calamin, Kieselgalmei $H_2Zn_2SiO_5$	starker Glasgl. z. T. perlmutter- artig ——— farbl., weiß, grau, gelblich bis braun; blaßgrün, blaßblau	5 ——— 3·3—3·5	rhomb.	meist tafelig; spanförmig, nadelig ×× gew. nicht groß	v. (110)
Willemit $Zn[SiO_4]$ Mn-reich = **Troostit**	fettiger Glasgl. ——— farbl., weiß, grau, grüngelb, blaß- grün, braun, rot, schwarz; **Troostit** rosa	$5^{1}/_{2}$ ——— 4·0—4·2	trig.	prismatisch; Aus- bildung sonst wechselnd	(0001) $(11\bar{2}0)$ ——— musch. bis splittrig
Melilith isomorphe Mischreihe von **Gehlenit** = $Ca_2Al_2SiO_7$ u. **Akermanit** = $Ca_2MgSi_2O_7$	Glasgl. bis Fettgl. ——— G. = grünlich- grau, weiß; M. = gelb, braun, grau, selten farbl.	5—$5^{1}/_{2}$ ——— 2·9—3	tetr.	dicktafelig, kurzsäulig, selten langsäulig	(001)

Aggregate	Chem. Verhalten	Opt. Verhalten	Bemerkungen; Begleiter
meist Einzel-kristalle, ein- oder aufgewachsen; seltener Krusten auf Quarz; auch derb	schwer schmelzbar; in HCl unter Ab-scheidung eines gelben Nieder-schlages löslich; Lösung mit Zinn oder Zink erhitzt färbt sich blau W+	durchscheinend 1+; $\omega = 1\cdot920$ $\varepsilon = 1\cdot963$	auf Zinnerzgängen aufgewachsen auf Quarz, auf versch. Lagerst. Ein- und aufgewachsen in alpinen Klüf-ten
derb, spätig, stengelig bis faserig	schwer schmelzbar; gelatiniert mit HCl	2—; $\alpha = 1\cdot619$ $\gamma = 1\cdot634$ Spaltblättchen zeigen die AE **quer** zur Längserstreckung (Unterschied gegen Tremolit und Pektolith!)	in kontaktmetamorphen Kalken mit Granat, Vesuvian, Pyroxen u. a. sehr ähnlich dem Tremolit und Pekto-lith!
gew. nadelige bis faserige Aggr.; auch derb, dicht		2+; $\alpha = 1\cdot595$ $\gamma = 1\cdot633$ opt. Unterscheidung von Wollastonit s. dort!	auf Klüften bas. Erstarrungsgest. mit Zeolithen
×× gerne fächer-artig gruppiert; kugelige, warzen-förmige, nierige, stalaktitische Aggr., auch Krusten	unschmelzbar; in HCl unter Abscheidung von SiO_2 löslich Zn+, H_2O+	durchsichtig bis durchscheinend 2+; β um $1\cdot617$	mit Zinkspat, Zinkblende, Bleiglanz, Wulfenit in Kalkstein und Dolomit. Bruch faserig bei Aggr.
derb; grob- bis feinkörnig	unschmelzbar; mit HCl gelatinierend Zn+	durchsichtig bis durchscheinend 1+; $\omega = 1\cdot691$ $\varepsilon = 1719$	auf Zinklagerst. mit Zinkspat, Hemi-morphit, Bleiglanz u. a., mit Zinkit, Franklinit, Rhodonit, Calcit
eingewachsen	schwer schmelzbar; gelatiniert in Säuren	G.=1—; $\omega = 1\cdot67$ $\varepsilon = 1\cdot66$ M.=1±; n=um $1\cdot65$ sehr schwache Doppelbr.	G. in kontaktmet. Kalken, M. Gemeng-teil in manchen Basalten; Åkermanit nur künstlich in Schlacken

Name Chem. Zus.	Glanz Farbe	Härte Dichte	Kristall- system	Ausbildung der Kritalle	Spaltbarkeit
Datolith $Ca[OH/BSiO_4]$	Glasgl., am Bruch fettartig — farbl., weiß, gelblich, grünlich	$5—5^1/_2$ — $2\cdot9—3$	mon.	flächenreiche $\times\times$, kurzsäulig bis dicktafelig	—
Sodalith $Na_8Al_6Si_6O_{24} . Cl_2$	Glasgl. bis Fettgl. — meist blau oder grün; auch grau, weiß, farbl.	$5—6$ — $2\cdot3$	kub.	gew. derbe Körner, selten rhomben-dodekaedrisch; meist eingewachsen, seltener aufgewachsen	(110)
Nosean $Na_8Al_6Si_6O_{24} . SO_4$ und **Hauyn** $(NaCa)_{4-8}Al_6Si_6O_{24} .$ $(SO_4)_{1-2}$	Glasgl. bis Fettgl. — grau, braun, weiß, schwarz; Hauyn ist blau	$5—6$ — $2\cdot5$	kub.	gute $\times\times$ sehr selten, gew. derbe Körner	(110)
Skapolith isomorphe Mischung von **Marialith** = $Na_4Al_3Si_9O_{24} . Cl$ und **Mejonit** = $Ca_4Al_6Si_6O_{24} . CO_3$	Glasgl., perlmutterartig, fettartig — farbl., weiß, grau, grünlich, blau, gelb, rosa, rötlich bis fleischrot	$5—6$ — $2\cdot54—2\cdot77$	tetr.	dicksäulig bis langsäulig	v. (100)
Opal SiO_2+aq	Glasgl. bis Wachsglanz — farbl., weiß, grau, gelb, braun, grün, rot, schwarz in verschiedener Schattierung	$5^1/_2—6$ — $2\cdot1—2\cdot2$	amorph	—	— — musch.

Aggregate	Chem. Verhalten	Opt. Verhalten	Bemerkungen; Begleiter
aufgewachsene Einzelkristalle oder Drusen; Aggr. derb, körnig; dichte oder feinfaserige, traubig-nierige Überzüge auf Calcit = **Botryolith**	schmilzt unter Aufschäumen zur Perle; mit HCl gelatinierend **B+**	durchsichtig bis durchscheinend **2−**; $\alpha = 1\cdot626$ $\gamma = 1\cdot670$	ähnlich den Zeolithen, auch im Vork. In Klüften bas. Gest., seltener in Graniten. Auf Klüften in Tonschiefer, auf Magnetitlagerst., mit ged. Kupfer am Lake Superior
derbe, rundliche Körner und Aggr.	schwer schmelzbar; in HCl gelatinierend **Cl+**	isotrop n um $1\cdot483$ niedrige Lichtbrechung!	Gemengteil in Syeniten (hier blau), aufgewachsen auf Auswürflingen (hier farbl.) **Kein** Quarz als Begl.!
derb, körnig	wie Sodalith! **Cl−, S+**	isotrop n um $1\cdot495$ (Nosean) n um $1\cdot502$ (Hauyn)	Gemengteil in Erzgußgest. mit Leuzit, Nephelin u. a. Aufgewachsen auf Auswürflingen mit Sanidin. **Kein** Quarz als Begl.!
körnig, stengelig, strahlig, dicht	leicht schmelzbar; in HCl nur die Mejonit-reichen Glieder unter Kieselsäure-abscheidung zersetzbar; bei Marialith Cl+	frische Sk. glasig, sonst trüb **1−**; (Ma.) $\omega - 1\cdot539$ $\varepsilon - 1\cdot5$ $\omega - 1\cdot596$ (Me.) $\varepsilon - 1\cdot557$ Spaltblättchen gerade ausl. und α in der Längsrichtung	Gemengteil in metamorphen Kalken u. Gneisen; als Auswürfling (Mt. Somma). auf Magnetitlagerst. **Dipyr** = weiße oder rötliche $\times\times$ in Tonschiefer eingewachsen. Rosa oder gelb durchsichtig = **Edelskapolith**
derb, traubig, nierig, stalaktitisch, Krusten, Überzüge, Platten, Knollen, Hohlraumausfüllungen; eingesprengt; erdig, locker als Quellabsatz = **Kieselsinter, Geysirit. Polierschiefer, Tripel, Kieselgur** = lockere Absätze, sedimentierte Diatomeen- und Radiolarienpanzer	unschmelzbar; in heißer KOH löslich H_2O+	durchsichtig bis durchscheinend isotrop (mitunter Spannungsdoppelbrechung) $n = 1\cdot3—1\cdot45$ irisierendes Farbenspiel hat **Edelopal;** bernsteinfarbig, gelbrot, hyazinthrot, durchscheinend = **Feueropal**	häufiges Zersetzungsprod. von Erstarrungsgest. Abarten: **Glasopal, Hyalith** = wasserhell, **Hydrophan** u. **Milchopal** = trüb; **Prasopal** = grün; **Jaspopal** = gelb bis rot, **Holzopal** = verkieseltes Holz, **Kascholong** = weiß, undurchsichtig, Übergang in Chalcedon. Konkretionen in Kieselgur = **Menilit. Feuerstein,** meist grau mit weißer Zersetzungsrinde in Kreide, siehe bei Chalcedon!

Name Chem. Zus.	Glanz --- Farbe	Härte --- Dichte	Kristall-system	Ausbildung der Kristalle	Spaltbarkeit
Leuzit $KAlSi_2O_6$	Glasgl., z. T. fettartig --- weiß, grau; selten farbl.; nicht rötlich durchzogen wie Analcim	$5^1/_2$—6 --- 2·5	pseudokub. (rhomb.)	Ikositetraeder	——— musch.
Nephelin $NaAlSiO_4$	Glasgl., auf frischem Bruch starker Fettgl. --- farbl., weiß, hellgrau, grünlich- grau, gelblich, röt- lich, blaugrün	$5^1/_2$—6 --- 2·60—2·65	hex.	dicksäulig, kurz- säulig bis tafelig	undeutlich --- musch. bis uneben
Disthen **Kyanit** $Al_2[O/SiO_4]$	Glasgl., auf (100) Perlmuttergl. --- meist blau oder grünlichblau, z. T. fleckig; weiß, gelb, rosa, grau bis schwarz	in der Längs- richtung 4—$4^1/_2$, quer dazu 6—7 --- 3·6—3·7	trikl.	flachtafelig, breit- säulig, blättrig, schuppig, z. T. gebogen, quer- gestreift	v. (100) und (010)

. **Andalusit** und **Chiastolith** von Härte $7^1/_2$, jedoch durch Zersetzung gew. weicher, pseudotetr.
siehe auch bei **Sillimanit,** dessen Härte mit 6—7 oft zu niedrig bestimmt wird, auf S. 134 u. 136!

Hierher gehören: **Eudialyt,** braune bis pfirsichblütrote hex. ××, **Cancrinit,** prismatische Stengel in
vergleiche auch den folgenden Abschnitt III. B.!

a) **B+**   **III. B. Härte $6^1/_2$ bis 10**

Name Chem. Zus.	Glanz --- Farbe	Härte --- Dichte	Kristall-system	Ausbildung der Kristalle	Spaltbarkeit
Axinit $Ca_2(FeMgMn)$ $Al_2BH[SiO_4]_4$	starker Glasgl. --- „nelkenbraun", violett, rauch- grau, pflaumen- blau, grünlich; selten pfirsichblütrot	$6^1/_2$—7 --- 3·3	trikl.	flachtafelige ×× mit messerscharfen Kanten, auch linsen- förmig; manche Flächen gerieft	(010) --- musch.
Turmalin $Al_7Na_2Mg(OH_2F)_4$ $[Si_6O_{27}B_3]$ = Alkalitonerde- Turmalin; Al_5Mg_3CaMg $(OH, F)_4 .$ $[Si_6O_{27}B_3]$ = Magnesiumtonerde- Turmalin; $(AlFe)_5Fe_3^{II} . CaFe^{II}$ $(OH, F)_4[Si_6O_{27}B_3]$ = Eisen-Turmalin	Glasgl. --- **nicht** grau! selten farbl. oder blau; sonst in allen Farben, oft schwarz. Oft Zonarbau! Schwarze Köpfe auf helleren Säulen = **„Mohrenköpfe"**	7 --- 3—3·35	trig.	säulig bis nadelig mit gerundetem, dreiseitigem Quer schnitt; seltener kurzsäulig, rhomboedrisch aussehend. ×× oft gebrochen und ausgeheilt	Quer- absonderung --- musch. bis uneben

Aggregate	Chem. Verhalten	Opt. Verhalten	Bemerkungen; Begleiter
eingewachsen, selten aufgewachsen; körnige Aggr.	unschmelzbar; durch HCl zersetzbar; Kalium nur mikrochemisch nachweisbar; färbt sich nach Glühen mit Kobaltlösung blau	meist trüb; isotrop mit Zerfall in anisotrope Lamellen; n um 1·508	Gemengteil kieselsäurearmer Gest. meist Ergußgest. Ähnlich dem Analcim, der jedoch leicht schmelzbar ist. Begl. **nicht** Quarz!
derb, körnig	leicht schmelzbar; mit HCl gelatinierend	glasig oder trüb; 1−; $\omega = 1·544$ $\varepsilon = 1·539$	Gemengteil kieselsäurearmer Gest., wie Nephelinsyenit, Phonolith, manche Basalte u. a. N. = frische, glasige Ausbildung, **Eläolith** nennt man trübe, gefärbte, fettglänzende Körner aus Tiefengest. Pseudomorphose von Muskovit nach N. = **Liebenerit**
blättrig-schuppig; als **Rhätizit** verschiedenartig strahlig	unschmelzbar; von Säuren nicht angreifbar. Mit Kobaltlösung geglüht, blau werdend Al+	2−; $\alpha = 1·717$ $\gamma = 1·729$ Spaltblättchen nach (100) löschen ungef. 30^0 schief zur Kante der z-Achse aus und zeigen I. Mitt.	Gemengteil in Glimmerschiefern, Granuliten u. a.; gerne mit Staurolith parallel verwachsen (in Paragonitschiefer). Als **Rhätizit** in Schiefern. Auch lose auf Seifen u. in Sanden

rhomb. ××, meist schmutzig fleischrosa, mit häufigem Glimmerbelag, siehe bei Härte über 7! Desgleichen

Nephelinsyeniten und **Eulytin**, $Bi_4Si_3O_{12}$, kleine kub. ××. **Bei Unsicherheit in der Härtebestimmung**

(Feldspat wird deutlich geritzt.)

meist einzeln oder in Drusen aufgewachsen; Aggr. schalig, breitstengelig, spätig	schmilzt leicht zur dunkelgrauen Perle, die mit HCl gelatiniert	durchsichtig bis durchscheinend; 2−; $\alpha = 1·677$ $\gamma = 1·687$	in kontaktmet. Kalken, auf Klüften, bes. in bas. Gest., in Granitpegmatiten
derb; radialstrahlige Aggr. = Turmalinsonnen	eisenreiche T. schmelzbar, andere nicht; Mg+ bei der 2. Gruppe, Fe+ bei der 3. Gruppe B schwierig nachweisbar	helle Abarten durchsichtig; 1−; $\omega = 1·639$ $\varepsilon = 1·692$ bei gefärbten T. starker Pleochroismus; Nadeln in der Querrichtung stärker absorbierend	sehr verbreitet in Pegmatiten Apliten, manchen Graniten; in Kontaktgest. u. krist. Schiefern, hydrothermal auf Erzlagerst. schwarzer T. = **Schörl** blauer = **Indigolith** brauner = **Dravit** rosa = **Rubellit** farbloser = **Achroit**

Name Chem. Zus.	Glanz ——— Farbe	Härte ——— Dichte	Kristall- system	Ausbildung der Kristalle	Spaltbarkeit
Borazit $Mg_6[Cl_2/B_{14}O_{26}]$ etwas H_2O im **Staßfurtit**	Glasgl., z. T. fett- oder diamantartig ——— farbl., grau, blaßgelblich, blaßbräunlich, grünlich	7 ——— $2\cdot9—3$	pseudokub. (rhomb.)	würfelig, rhombendod., tetraedrisch, pseudooktaedrisch	— musch.

Hierher gehört der **Danburit** $CaB_2(SiO_4)_2$, rhomb., topasähnliche ✕✕ in Graniten, Gneisen, Dolomiten,

III. B. b) B−; Mg+ oder Fe+

Name Chem. Zus.	Glanz ——— Farbe	Härte ——— Dichte	Kristall- system	Ausbildung der Kristalle	Spaltbarkeit
Chondrodit $Mg_5[(OHF_2)/(SiO_4)_2]$	fettartiger Glasgl. ——— gelblichweiß, zitronengelb, honiggelb, braun, rot	$6—6^1/_2$ ——— $3\cdot1—3\cdot2$	rhomb.	kleine ✕✕, flächenreich oder gerundete Körner	—
Epidot **Pistazit** $Ca_2(AlFe^{III})_3$ $[OH/(SiO_4)_3]$	Glasgl. ——— vorw. gelbgrün bis grünschwarz; Aggr. heller: „pistazgrün". Auch grünbraun, seltener rot. Strich z. T. grau bis gelblich!	$6—7$ ——— $3\cdot3—3\cdot5$	mon.	breitsäulig bis nadelig (gestreckt nach der y-Achse) u. in dieser Zone stark gestreift	v. (001) auch (100) ——— musch., uneben, splittrig
Vesuvian Idokras, Wiluit $Ca_{10}Al_4(MgFe)_2\cdot$ $(OH_4\,Si_9O_{34}$	Glasgl. auf Bruch Fettgl. ——— stachelbeerfarben, braun und grün in versch. Tönen, rotbraun bis schwarzbraun; selten rosa. Blau = **Cyprin**	$6^1/_2$ ——— $3\cdot3—3\cdot5$	tetr.	kurzsäulig, dick- säulig, dicktafelig, seltener pyramidal; auch langsäulig, nadelförmig; Prismen olt gestreift; kurzsäulige ✕✕ granatähnlich!	—
Olivin Peridot, Chrysolith $(MgFe)_2SiO_4$, Mischung zwischen **Forsterit** Mg_2SiO_4 und **Fayalit** = Fe-reich	Glasgl., auf Bruch fettig, z. T. metallisch schimmernd ——— flaschengrün, ölgrün, gelblich, bräunlich, röt- lichbraun; selten grau, farbl. (Forsterit); grün- lichschwarz, bräunlichschwarz = **Hortonolith.** Fayalit weingelb, olivgrün bis schwarz. Bei Verwitterung rotbraun oder schwarz werdend	$6^1/_2—7$ ——— $3\cdot27—4\cdot20$	rhomb.	prismatisch, dick- tafelig, kurzsäulig	(010) musch.

Aggregate	Chem. Verhalten	Opt. Verhalten	Bemerkungen; Begleiter
eingewachsen; ferner derbe, dichte Aggr., Knollen von faseriger Textur; kreideartig = **Staßfurtit**	schwer schmelzbar; in HCl nur langsam löslich $Mg+$ (schwierig) $Cl+$, bei St. meist H_2O+	isotrop oder in doppelbrechende Lamellen zerfallen $n - 1·667$	in Salzlagerst.; in Gips, Anhydrit eingewachsen

mit Rauchquarz.

Aggregate	Chem. Verhalten	Opt. Verhalten	Bemerkungen; Begleiter
körnig	unschmelzbar; von Säuren zersetzbar $F+$ (nach Feigl)	durchsichtig bis durchscheinend $2\pm$; β um $1·62$	in kontaktmetamorphen Kalken; z. T. auf Erzlagerst. mit Magnetit, Kupferkies, Zinkblende, Bleiglanz
strahlige, spießige Gruppen, büschelige Aggr. körnig, bis dicht, Anflug	v. d. L. schmelzbar; nach dem Schmelzen in HCl gelatinierend wenig H_2O+	z. T. durchsichtig bis durchscheinend $2-$; $\alpha = 1·729$ $\gamma = 1·768$ AE quer zur Längserstreckung, pleochroitisch	schöne $\times\times$ auf alpinen Klüften mit Amianth, Chlorit, Apatit, Periklin u. a. Gemengteil in krist. Schiefern mit Chlorit, Hornblende; in Kontaktgest., auf Kupfererzgängen
derb, körnig, strahlig, stengelig	unter Aufschäumen leicht schmelzbar; von Säuren nur nach Aufschmelzen zersetzbar H_2O+	Splitter zeigen sehr schwache Doppelbr. und anomale Interferenzfarben $1\pm$; β um $1·72$	in kontaktmet. Kalken, auf Gesteinsklüften mit Chlorit und Diopsid. Eingewachsene u. gut ausgebildete $\times\times$ = **Wiluit**, braune, stengelige Aggr. = **Egeran**
eingewachsen; körnige bis dichte Aggr.; lose $\times\times$	nur eisenreiche Mischungen schmelzbar und in HCl löslich $Mg+$ oder $Fe+$	durchsichtige, gelbe oder grüne $\times\times$ = **Chrysolith**, sonst trüb; $2+$, Mg-reiche Glieder, $2-$, Fe-reiche Glieder β von $1·65—1·69$	Gemengteil in bas. Gest. wie Gabbro, Basalt; selbständig im Peridotit; in Talkschiefer u. a. mit Magnetit; Begl. oft Chromit, Picotit; Fayalit selten als Kontaktprod. in eisenreichen Sedimenten und kleine $\times\times$ in Hohlräumen von Obsidian. Vielfach in Serpentin umgewandelt (schwarzgrün bis gelbgrün) oder in **Iddingsit** (rotbraun); **Hyalosiderit** ist Fe-reich

Name Chem. Zus.	Glanz Farbe	Härte Dichte	Kristall- system	Ausbildung der Kristalle	Spaltbarkeit Bruch
Granatgruppe[1] 1. **Pyrop** $Mg_3Al_2Si_3O_{12}$ 2. **Andradit** $Ca_3Fe_2Si_3O_{12}$ 3. **Almandin** $Fe_3Al_2Si_3O_{12}$ 4. **Melanit** wie Andradit, nur reich an Ti	Glasgl. ——— Pyrop: blutrot bis fast schwarz; Andradit: meist braun, seltener farbl., gelblich- grün, grün, schwarz; Almandin: rot, braun bis schwarz; Melanit: samt- schwarz	$6^1/_2$—7 ——— 3·5—4·2	kub.	rhombendodeka- edrisch, ikositetra- edrisch; Riefung auf Rhom- bendodekaedern	(110) (schlecht) musch. bis splittrig; spröde
Staurolith $2\,Al_2SiO_5$. $Fe^{III}(OH)_2$	Glasgl., auf frischem Bruch fettartig; meist matt, rauh ——— rötlich- bis schwärzlich- braun	7—$7^1/_2$ ——— 3·7—3·8	rhomb.	flächenarm; breit- säulig, prismatisch; z. T. mit Disthen parallel verwachsen; z. T. nur Körner. Häufig Durch- kreuzungszw.	(010) ——— musch. bis uneben, splittrig
Spinellgruppe[2] 1. **Pleonast** $(MgFe)\,(AlFe)_2O_4$ 2. **Hercynit** $FeAl_2O_4$ 3. **Picotit** Chromspinell (FeMg) $(AlCrFe)_2O_4$	Glasgl. ——— farbl. und in allen Farben bis schwarz, vorw. schwarz- grün. **Nicht** grau!	8 ——— 3·5—4·1	kub.	Oktaeder; andere Flächen selten. Zw. nach (111)	(111) ——— musch.

Hierher gehören: **Turmalin**, falls Bornachweis mißlungen; ferner **Gadolinit** $Y_2Fe[O/BeSiO_4]_2$,
U.-V.-Licht!

III. B. c) B—, Mg—, Fe—; unschmelzbar oder schwer schmelzbar und Al+

Name Chem. Zus.	Glanz Farbe	Härte Dichte	Kristall- system	Ausbildung der Kristalle	Spaltbarkeit Bruch
Disthen **Kyanit** $Al_2[O/SiO_4]$	Glasgl., auf (100) perlmutterartig ——— blau, grünlich- blau (oft fleckig), grünlich, rosa	in der Längs- richtung 4—$4^1/_2$ quer dazu 6—7 ——— 3·6—3·7	trikl.	breitsäulig, linealförmig, nadelig, schuppig, flachkörnig; (100) oft wellig verbogen	v. (100) (010)
Sillimanit Faserkiesel Fibrolith Al_2SiO_5	fettiger Glasgl., Fasern Seiden- glanz ——— gelblichgrau, graugrün, bräunlich	6—7 ——— 3·2	rhomb.	säulig, nadelig, ohne Endflächen	v. (010)

[1] Übrige Glieder der Granatgruppe siehe S. 140! Manganreich ist **Spessartin**.

Aggregate	Chem. Verhalten	Opt. Verhalten	Bemerkungen; Begleiter
derb, körnig bis dicht; fast stets eingewachsen, selten aufgewachsen	schmelzbar; nur unvollständig in Säuren löslich	z. T. durchsichtig bis durchscheinend; isotrop n von $1.70—2.0$ oft anomal doppelbrechend	**Pyrop** in Olivinfels und Serpentin, oft mit Schale von Kelyphit; **Andradit** in Fe-reichen Kontaktgest. auf Klüften; (Skarn), seltener in krist. Schiefern und **Almandin** in Gneisen, Glimmerschiefern; **Melanit** in Ergußgest. (z. B. Basalt, Phonolith) selten als „**Schorlomit**" in Tiefengest.
eingewachsen	unschmelzbar; in Säuren unlöslich	Splitter braun durchsichtig, pleochroitisch **2+**; $\alpha = 1.744$ $\gamma = 1.756$	Gemengteil in tonerdereichen Gneisen, Glimmerschiefer, mit Granat, Disthen; in Paragonitschiefer mit Disthen. Charakteristische Zw.
körnig; sonst eingewachsen und lose in Sanden	unschmelzbar; in Säuren unlöslich	farbl., rot oder schön gefärbte Sp. durchsichtig (**Edelspinell**) isotrop n $= 1.72—2.00$ Splitter dunkler Abarten grün oder braun durchsichtig	vorw. in kontaktmet. Kalken; sonst vereinzelt in versch. Gest.; **Picotit** mit Chromit in Peridotiten. Grün (Fe-reich) = **Chlorospinell**, mit Magnetit in Chloritschiefern

schwarze, mon. ×× in Granitpegmatiten oder (selten) aus alpinen Klüften. Boraxperle fluoresziert im

| stengelig, schuppig; über faserig-strahligen **Rhätizit** s. S. 131 | von Säuren nicht angreifbar | **2—**; $\alpha = 1.717$ $\gamma = 1.729$ fast $\perp$ auf (100) tritt I. Mitt. α aus; Ausl. auf (100) gegen die z-Achse um 30[0] | Gemengteil krist. Schiefer (Granulit, Glimmerschiefer); in Paragonitschiefer mit Staurolith verwachsen. Körner auf Seifen. Innig verwachsen mit Korund (Indien) |
| meist nur feinfaserige filzige Aggr.; stengelig, strahlig | wie Disthen | **2+**; $\alpha = 1.657$ $\gamma = 1.677$ Fasern gerade Ausl. und γ in der Längsrichtung | in tonerdereichen Gneisen wie Granuliten, Granat-Sillimanitgneisen, Glimmerschiefern, Cordieritgneisen; mit Quarzknauern verwachsen (Faserkiesel) |

[2] Über **Zinkspinell** siehe S. 142!

Name Chem. Zus.	Glanz ——— Farbe	Härte ——— Dichte	Kristall- system	Ausbildung der Kristalle	Spaltbarkeit ——— Bruch
Cordierit Dichroit $Mg_2Al_3[AlSi_5O_{18}]$ etwas H_2O	fettartiger Glasgl. ——— farbl., rauchgrau, gelblich, violblau bis tiefblau; grünlich durch Zersetzung	$7-7^1/_2$ ——— $2·6$	pseudohex. rhomb.	kurzsäulig; Körner, Zw., Drill.	(010) und Abson- derung nach (001) ——— musch. bis uneben
Diaspor AlOOH	Glasgl., auf (010) Perlmuttergl. ——— farbl., gelblich, violblau, blaßviolett, grünlich, bräunlich	$6^1/_2-7$ ——— $3·3-3·5$	rhomb.	tafelig, breitsäulig, blättrig bis schuppig, Seitenflächen gekrümmt	s. v. (010) ——— musch. sehr spröde
Andalusit $Al_2[O/SiO_4]$	Glasgl. ——— rötlich, fleischfarben, grau, bräunlich, rötlichbraun; grün = **Viridin,** rot = **Mangan- andalusit**	$7^1/_2$ wenn frisch, umgewandelt weicher ——— $3·1-3·2$	pseudotetr. rhomb.	einfache rhomb. Säulen mit fast 90grädigem Prismenwinkel, nadelig. ×× meist von Muskovit bedeckt. **Chiastolith** mit kohligen Einschlüssen	(110) (001) ——— uneben
Beryll $Be_3Al_2Si_6O_{18}$	Glasgl. ——— farbl. und ver- schiedene blasse Farben; smaragdgrün = **Smaragd,** bläu- lichgrün = **Aqua- marin,** rosen- rot = **Morganit;** gem. B. gew. gelblichweiß, grünlich	$7^1/_2-8$ ——— $2·63-2·80$	hex.	vorw. einfache sechsseitige Säulen mit Basis, z. T. große ××. Edlere Varietäten oft flächenreiche Köpfe; meist längsgestreift	v. (0001) ——— musch. bis uneben
Topas $Al_2[F_2/SiO_4]$	Glasgl. ——— farbl. oder hell gefärbt, bes. meergrün, bläu- lich, gelb; auch violett, rosa, gelbrot	8 ——— $3·5-3·6$	rhomb.	kurzsäulig, lang- säulig bis nadelig	s. v. (001)

Es sind ferner noch kaum schmelzbar und werden nach Glühen mit Kobaltlösung blau: **Kalkgranat**

Aggregate	Chem. Verhalten	Opt. Verhalten	Bemerkungen; Begleiter
eingewachsene ×× und Körner	kaum schmelzbar; von Säuren kaum angreifbar	frisch durchscheinend; $2-$; β um $1\cdot54$ $2\,V\,\alpha$ schwankend frischer C. dem Quarz sehr ähnlich! pleochroitisch	bes. in Granitkontakten u. im hybriden Granit u. a.: in verschiedenen Kontaktgest.
stengelig, blättrig, schuppig	nach starkem Glühen in H_2SO_4 löslich; H_2O+ (bei starkem Erhitzen)	$2+$; $\alpha = 1\cdot702$ $\gamma = 1\cdot750$ dickere Blättchen nach (100) manchmal pleochroitisch	größere ×× in Dillnit, sonst in krist. Schiefern u. Kontaktgest. mit Disthen, Korund (Smirgel) u. a.
stengelig, strahlig, körnig	wie Disthen!	selten durchsichtig; $2-$; $\alpha = 1\cdot632$ $\gamma = 1\cdot643$ durchsichtige ×× pleochroitisch mit morgenroter Farbe in einer Richtung	bes. in Granitkontakten; in Quarzknauern krist. Schiefer; in Pegmatiten, Apliten; Gerölle auf Seifen. Pseudomorphosen von Muskovit häufig. **Chiastolith** in Tonschiefern. **Viridin** in Hornfelsen, **Manganandalusit** in Glimmerquarzit
eingewachsen	nur an den Kanten schmelzbar; in Säuren unlöslich	Smaragd und Aquamarin durchsichtig bis durchscheinend; sonst trüb $1-$; $\omega = 1\cdot57-1\cdot60$ $\varepsilon = 1\cdot56-1\cdot59$	Charakteristisches Pegmatitmineral, auch auf Klüften in Granit u. a. Gest. Smaragd in Biotitschiefern oder Dolomit
derb, dicht; stengelig bis faserig = **Pyknit,** oft plattenförmige Aggr.	von HCl und HNO_3 nicht angreifbar $F+$ (nach Feigl)	aufgewachsene ×× durchsichtig bis durchscheinend, Pyknit trüb $2+$; $\beta = 1\cdot631$ Spaltblättchen zeigen I. Mitt. γ und die opt. Achsen am Rande des Gesichtsfeldes	auf Zinnerzgängen, in Graniten (Greisen) mit Wolframit, Scheelit, Molybdänglanz, Zinnstein, Flußspat u. a. In Blasenräumen von Rhyolith. Derbe, stengelige, plattenförmige Massen = **Pyknit;** lose Gerölle = **Topasgeschiebe**

(s. S. 140), **Gahnit** (s. S. 142), **Chrysoberyll** (s. S. 142), **Euklas** (s. S. 142) und **Korund** (s. S. 142)!

Name Chem. Zus.	Glanz Farbe	Härte Dichte	Kristall- system	Ausbildung der Kristalle	Spaltbarkeit Bruch
III. B. d) Übrige					
Zoisit Ca_2Al_3 $[OH/(SiO_4)_3]$	Glasgl., auf (010) perlmutterartig — meist aschgrau, gelblich, grünlich, grün, braun; rosarot = **Thulit**	$6-6^1/_2$ — $3\cdot23-3\cdot38$	rhomb.	stengelige Formen ohne Basisfläche, oft gekrümmt, geknickt, gerieft	v. (010)
Prehnit $H_2Ca_2Al_2(SiO_4)_3$	Glasgl., z. T. Perlmuttergl. — farbl., grünlich, gelblichgrün	$6-6^1/_2$ — $2\cdot8-3$	rhomb.	tafelig oder kurz-säulig-nadelig; ×× oft gekrümmt, zu fächer- oder kammartigen Gruppen vereinigt	(001)
Rutil TiO_2 Fe-reichen Nigrin s. S. 54!	metallartiger Diamantgl., Fettgl. — braunrot in verschiedenen Tönen, gelblich, gelbbraun; schwarz (Nigrin) s. S. 54!	$6-6^1/_2$ — $4\cdot2-4\cdot3$	tetr.	dicksäulig bis lang-säulig bis zu fein-ster Nadelbildung; (häufig Zw.) längs gestreift	v. (110) — musch. bis uneben
Benitoit $BaTi[Si_3O_9]$	starker Glasgl. — blaß- bis dunkelblau, selten farbl.	$6^1/_2$ — $3\cdot7$	trig.	bipyramidal, flach-rhomboedrisch	— — musch.
Quarz SiO_2	Glasgl. auf frischem Bruch fettig; Seidengl. bei Faserquarz — farbl. und in allen Farben; farbl. = **Bergkristall,** rauchgrau = **Rauchquarz,** dunkelgrau bis schwarz = **Morion,** violett = **Amethyst,** weingelb = **Citrin,** rosarot = **Rosenquarz,** blau = **Saphirquarz,** grün = **Prasem,** gelb, braun, rot = **Eisenkiesel**	7 — $2\cdot65$	pseudohex. (hex.) trig.	×× oft groß; säulig, pyramidal in versch. Ausbildung, bipyramidal, gerne verzerrt u. Durchdringung - Zw. bildend; Basisfläche fehlt! Einsprenglinge in Lipariten u. Quarzporphyren hex. bipyramidal. Oft stark korrodiert, abgebrochen u. ausgeheilt. Prismen quergestreift!	— — musch.

Aggregate	Chem. Verhalten	Opt. Verhalten	Bemerkungen; Begleiter
(breit)stengelig, strahlig	schmilzt unter Aufschäumen zur Perle; von Säuren nicht angreifbar	trüb, undurchsichtig $2+$; $\alpha = 1\cdot700$ $\gamma = 1\cdot706$ Spaltblättchen zeigen schwache Doppelbr. u. anomale Interferenzfarben	vorw. in bas. krist. Schiefern, seltener in Fe- oder Cu-Lagerst., in Kontaktgest.
fächerartige bis kugelige Gruppen, Krusten, nierige, schalige Aggr. mit strahligem Bruch	schmilzt unter Aufblähen; von Säuren kaum angreifbar	durchsichtig bis durchscheinend $2+$; $\alpha = 1\cdot616$ $\gamma = 1\cdot649$	auf Klüften u. Hohlräumen bes. bas. Gest. Begl. häufig Zeolithe; ferner Calcit, Epidot, Axinit, ged. Kupfer
derb, strahlig, körnig	unschmelzbar; in Säuren unlöslich Ti+, z. T. Fe+	nur dünnste Nadeln braunrot durchscheinend $1+$; Lichtbr. sehr hoch	Vork. s. S. 65! auf alpinen Klüften oft zarte Nadeln unter $60°$ sich kreuzend = **Sagenit.** Feinste Nadeln als Einschlüsse in Bergkristall; lose Körner in Sanden
eingewachsen	leicht schmelzend; in Säuren fast unlöslich Ti+, Ba durch Fl.-Färbung nicht nachweisbar	$1+$; $\omega - 1\cdot757$ $\varepsilon = 1\cdot804$ pleochroitisch	eingewachsen in Natrolith, stets begleitet von Neptunit
ein- und aufgewachsen (Drusen); Aggr. körnig; stengelig bis faserig = **Stengelquarz, Sternquarz** (radialstrahlig), **Katzenauge, Tigerauge** (radialfaserig); Kristallstöcke **(Szepterquarz);** ✕✕ manchmal gedreht; lose Gerölle; Knauern, Trümer (gemeiner Qu.)	unschmelzbar; von Säuren, außer Flußsäure, nicht angreifbar	wasserklar (Bergkristall) bis undurchsichtig; durch eingeschlossene Hämatitschuppen metallisch schillernd = **Avanturinquarz** $1+$; $\omega = 1\cdot544$ $\varepsilon = 1\cdot553$ dickere Basisblättchen zeigen das Achsenkreuz in der Mitte aufgehellt (Rotationspolarisation)!	gem. Quarz Gemengteil in vielen Gest. Bergkristall auf Klüften mit Albit, Periklin, Chlorit, Sphen, Rutil u. a. **Katzenauge** ist grünlichgrauer, **Tigerauge** gelbbrauner Faserquarz; über gelb, braun und rot gefärbten **Eisenkiesel** vergl. S. 74 **Milchquarz** = milchigweiß. Bergkristall oft mit Rutil-Amianth-Chlorit- und Flüssigkeitseinschlüssen. Charakteristisch ist Fehlen der Spaltbarkeit u. musch. Br.

Name Chem. Zus.	Glanz --- Farbe	Härte --- Dichte	Kristall- system	Ausbildung der Kristalle	Spaltbarkeit --- Bruch
Zinnstein Zinnerz, Kassiterit SnO_2	metallartiger Diamantgl., auf Bruchfl. fettartig --- braun bis braun- schwarz, grün- lich, grau, hya- zinthrot; ganz selten farbl.	$6-7$ --- $6·8-7·1$	tetr.	kurzsäulig, lang- säulig bis nadelig, auch spitzpyramidal; Zw. (Visiergraupen). **Holzzinn** = gel- förmig, kryptokrist.	(100)
Chalcedon aus mikroskopischen Fasern von Quarz aufgebaut	Glasgl., z. T. seidenartig --- Farbe sehr verschieden; **Carneol** = gelb bis blutrot, **Sarder** = braun bis rot, **Chrysopras** – grün, **Plasma** = grüner Jaspis, **Heliotrop** = grüner Jaspis mit roten Flecken	7 --- $2·59-2·61$	wie trig. Quarz	faserig bis kryptokristallin	— musch. (Aggr.)
Tridymit SiO_2	Glasgl. --- farbl., weiß, gelblich	$6^1/_2-7$ --- $2·27$	hex. und pseudohex. ×× meist klein	sechsseitige Täfelchen, Zw., Drill.	(0001)
Cristobalit SiO_2	Glasgl. --- weiß	$6^1/_2$ --- $2·32$	kub. und pseudokub.	nur Oktaeder Zw. nach (111)	—
Granat [1] **1. Kalkgranat** Grossular (Hessonit) $Ca_3Al_2Si_3O_{12}$ mit etwas Fe_2O_3 **2. Kalkchromgranat** Uwarowit $Ca_3Cr_2Si_3O_{12}$	Glasgl. bis Fettgl. --- 1. farbl. weiß, gelb, hellgrün, hyazinthrot; 2. smaragdgrün	$6^1/_2-7^1/_2$ --- 1. um 3·5 2. um 3·4	kub.	Rhomben- dodekaeder, Ikositetraeder und Kombinationen	— musch. bis uneben
Zirkon $ZrSiO_4$	diamantartiger Glasgl., auf Bruchflächen, Fettgl. --- vorw. braun u. braunrot; sonst farbl., gelb, grau, grün, rot	[2] $7^1/_2$ --- $3·9-4·8$	tetr.	kurzsäulig, langsäulig bis nadelig, pyramidal	(110) --- musch.

[1] Mg- und Fe-haltige Granate s. S. 134!

Aggregate	Chem. Verhalten	Opt. Verhalten	Bemerkungen; Begleiter
derb, körnig; feinfaserige, konzentrisch-schalige glaskopfartige Massen = **Holzzinn**	unschmelzbar; von Säuren nicht angreifbar Sn+	nur selten durchsichtig bis durchscheinend 1+; Lichtbr. sehr hoch	vorw. in Graniten (Greisen) mit Topas, Flußspat, Wolframit, Scheelit, Molybdänglanz u. a.; lose Körner als „Seifenzinn". Siehe auch unter gelbem und braunem Strich!
nierig, traubig, glaskopfartig, Krusten, Knollen, Konkretionen	wie Quarz! in KOH jedoch z. T. etwas löslich, da, wie im Feuerstein, etwas Opalsubstanz	kanten-durchscheinend bis undurchsichtig; Faserstruktur nur im Dünnschliff sichtbar; Fasern zeigen α in der Längserstreckung (sind daher nach der Querachse des Quarzes gestreckt)	**Achat** = feinschalig aufgebauter Ch. mit Schichten von wechselnder Farbe, bes. Blasenfüllungen in Ergußgest. Hierher gehört **Onyx** u. **Sardonyx**; **Enhydros** = mit Wasser gefüllte Achatmandeln; **Jaspis** = undurchsichtiger Ch. Hierher gehören **Feuerstein** und **Hornstein**, Konkretionen, Knollen, Trümer in Sedimentgest.
aufsitzende ××, fächerartige bis kugelige Gruppen	unschmelzbar; in Säuren unlöslich	1+; β um 1·478 niedrigere Lichtbr. gegenüber Quarz!	in Hohlräumen junger Ergußgest., bes. in Trachyten; **nicht** in krist. Schiefern und Tiefengest.
	wie Tridymit!	isotrop; pseudokub. anisotrop n = 1·485	Vork. wie Tridymit; **Lechatelierit** = natürliches Quarzglas in **Blitzröhren, Fulguriten**
körnig; selten in feinkörnigen, musch. brechenden Massen	schwer schmelzbar; von Säuren kaum angreifbar ad 2. Cr+	isotrop 1. oft anomal doppelbrechend 1. n = um 1·74 2. n = um 1·87	1. in kontaktmet. Kalken mit Diopsid, Wollastonit u. a.; ähnlich dem Vesuvian; 2. in Serpentingest. mit Chromit; in körnigen Kalken u. Dolomiten
aufgewachsen, eingewachsen	unschmelzbar; in Säuren unlöslich	z. T. durchsichtig, meist trüb; 1+; ω = 1·960 ε = 2·01	größere ×× vorw. in syenitischen Gest.; in körnigen Kalken, auf alpinen Klüften; sonst sehr verbreitet, aber meist mikroskopisch klein; schön gefärbte ×× (hyazinthrot) = **Hyazinth**

[2] Härte durch radioaktive Zersetzung oft geringer (**Malakon**)!

Name Chem. Zus.	Glanz Farbe	Härte Dichte	Kristall- system	Ausbildung der Kristalle	Spaltbarkeit Bruch
Euklas Al[OHBeSiO$_4$]	starker Glasgl. farbl. oder lichtgrün	$7^1/_2$ $3\cdot0-3\cdot1$	mon.	prismatisch bis nadelig, oft flächenreich; längsgestreift	s. v. (010)
Phenakit Be$_2$[SiO$_4$]	Glasgl. farbl., gelblich, blaßrosa	$7^1/_2-8$ $3\cdot0$	trig.	flach- rhomboedrisch, kurz- bis langsäulig, pyramidal, linsenförmig	$(11\bar{2}0)$ musch.
Gahnit Zinkspinell ZnAl$_2$O$_4$	fettartiger Glasgl. grün bis schwarz, grau, graublau; Strich: grau	$7^1/_2-8$ $4\cdot3$	kub.	fast nur Oktaeder, Zw. nach (111)	(111) musch.
Chrysoberyll Cymophan Al$_2$BeO	Glasgl., auf Bruchflächen Fettgl. grünlichgelb, spargelgrün, smaragdgrün	$8^1/_2$ um $3\cdot7$	pseudohex. durch Ver- zwillingung rhomb.	dicktafelig (sechsseitig), kurzsäulig, pyramidal (sechsseitig); Durchkreuzungsdrill. Basis gerieft	(010) musch.
Korund Al$_2$O$_3$	Glasgl., z. T. fettartig farbl., weiß, grau, schmutzig- graublau, rötlich, violett, rot, blau, grün, braun und Übergänge. Farbe oft fleckig, oder zonar!	9 $3\cdot9-4\cdot1$	trig.	tafelig, kurzsäulig, tonnenförmig, spitz-pyramidal, rhomboedrisch	Absonderung nach $(10\bar{1}1)$ u. (0001) musch. bis splittrig
Diamant C	„Diamantgl." auch matt, stumpf meist farbl., gelblich, grünlich; alle Farben bis schwarz; am seltensten satt rot oder blau	10 $3\cdot52$	kub.	vorh. Oktaeder, Würfel, Pyramiden- würfel, Rhom- bendodekaeder; auch Hexa- kisoktaeder $\times\times$ oft gerundet, Kanten unscharf; Zw. nach (111)	v. (111)

Aggregate	Chem. Verhalten	Opt. Verhalten	Bemerkungen; Begleiter
	fast unschmelzbar; von Säuren nicht angreifbar	$2+$; $\alpha = 1{\cdot}652$ $\gamma = 1{\cdot}671$ Spaltblättchen nach (010) zeigen Ausl. $z\gamma$ von 41^0	aufgewachsen auf Quarz, Feldspat, eingewachsen in Pegmatit; auf alpinen Klüften; lose $\times\times$
	unschmelzbar; von Säuren nicht angreifbar	$1+$; $\omega = 1{\cdot}653$ $\varepsilon = 1{\cdot}670$	mit Smaragd und Chrysoberyll in Glimmerschiefer, auf Klüften im Granit, auf Zinnerzlagerst. mit Topas, Turmalin, Quarz
körnig	unschmelzbar; von Säuren nicht angreifbar $Zn+$, $(Al)+$	isotrop $n = 1{\cdot}80$	in körnigem Kalk mit Franklinit, Zinkit; mit Zinkblende, Bleiglanz und Kiesen in metamorphen Gest.
z. T. lose Körner, Gerölle	unschmelzbar; von Säuren nicht angreifbar	durchsichtig bis durchscheinend; **Alexandrit** im durchfallenden Licht gelb bis grün, bei Kerzenlicht rot. $2+$; $\alpha = 1{\cdot}747$ $\gamma = 1{\cdot}756$ manche Vork. pleochroitisch	in Graniten, Syeniten, Pegmatiten, Gneisen, Glimmerschiefer u. a.; lose auf Seifen. Smaragdgrün = **Alexandrit, Chrysoberyllkatzenauge** = Chr. mit orientierten Einschlüssen, Asterismus zeigend
derb, körnig bis dicht	unschmelzbar; von Säuren nicht angreifbar; feines Pulver nach Glühen Blaufärbung mit Kobaltlösung	edle Abarten durchsichtig: **Rubin** = rot, **Saphir** = blau; $1-$; $\omega = 1{\cdot}769$ $\varepsilon = 1{\cdot}761$ manche Saphire zeigen Asterismus **(Sternsaphir)**	in Graniten, Syeniten, Pegmatiten, versch. Gneisen, in Kontaktkalken; selbständige Lagerst. (**Smirgel**); Gemenge von Korund mit Magnetit, Eisenglanz, Quarz u. a.); lose Körner auf Seifen
meist lose $\times\times$, selten eingewachsen; kugelige Gruppen, regellose Verwachsungen, radial struiert bis dicht = **Bort** oder **Ballas**; kugelige Rollstücke, koksähnlich, schwarz oder grau = **Carbonado**	v. d. L. unschmelzbar; von Säuren nicht angreifbar	isotrop n für Rot: $2{\cdot}407$ n für Violett: $2{\cdot}465$	eingewachsen in ultrabas. Gest. z. B. Kimberlit; meist auf Seifen mit anderen Edelsteinen; auch in Konglomeraten, Sandsteinen

Nachtrag zu Seite 44

Name Chem. Zus.	Farbe	Strich	Härte ——— Dichte	Kristall- system	Ausbildung der Kristalle
Nachtrag zu Seite 44, Gruppe I. A. 2.					
Markasit FeS_2	wie Pyrit (s. u.), etwas grünlich; oft bunt, bes. grünlich anl.	grünlichgrau schwärzlich- grün	$6-6^1/_2$ ——— $4\cdot8-4\cdot9$	rhomb. häufig Zw.	tafelig, kurzsäulig, nadelig, beilförmig, spanförmig Zw. speerförmig = **Speerkies** oder kammartig = **Kammkies**
Pyrit Schwefelkies, Eisenkies FeS_2	messinggelb, „speisgelb", goldgelb oder bunt anl. Oberflächlich oft braun (Limonit- bildung)	grünlich- schwarz	$6-6^1/_2$ ——— $5-5\cdot2$	kub. Würfel, Pentagon- dodekaeder, Oktaeder, Dyakisdode- kaeder u. Komb. Durch- kreuzungs- zwill. zweier Pentagondod. (Eisernes Kreuz)	oft gute ××; Würfel nach **einer** Kante gerieft. Oktaeder mit Riefung nach dem Dyakisdodekaeder
Nachtrag zu Seite 78, Gruppe II. D. 4.					
Malachit $Cu_2[(OH)_2/CO_3]$	× schwärzlichgrün u. Glasgl., Aggr. smaragdgrün, seidengl. oder matt	grün	4 ——— $4\cdot0$	mon. gute ×× selten	langprismatisch, nadelig bis haar- förmig
Kupferlasur **Azurit** $Cu_3[(OH)_2/(CO_3)_2]$	glasglänzend bis matt; lasurblau bis hellblau	hellblau	$3^1/_2-4$ ——— $3\cdot7-3\cdot9$	mon. ×× oft flächenreich	kurzsäulig, dick- tafelig

und zu Seite 78.

Spaltbarkeit / Bruch	Aggregate	Chem. Verhalten	Bemerkungen; Begleiter
(101) / uneben	derb, kammartig, strahlig bis faserig, (**Strahlkies**); dicht (**Leberkies**). Krusten, nierig, traubig, stalaktitisch; Knollen; Anflug	wie Pyrit (s. u.)	mit Bleiglanz, Pyrit, Zinkblende, Siderit u. a. In Braunkohlen, Mergeln, Tonen. **Nicht** Gemengteil von Erstarrungsgest. u. krist. Schiefern.
(100) / musch.	körnig, radialstrahlig, derb, eingesprengt, knollig, nierig, dendritisch, oolithisch	v. d. L. unter blauer Fl. verbrennend; schmilzt zu magnetischer Kugel. In HNO_3 löslich $Fe+$. $S+$	ungemein verbreitet. Schöne $\times\times$ in Talkschiefern u. a. krist. Gest. Oft in Limonit umgewandelt.
(001) / musch.	nierig, traubig, stalaktitisch, glaskopfartig, radialfaserig; erdig, Anflug; Knollen. Oft als Pseudomorphose	wird beim Erhitzen schwarz; leicht schmelzend; in Säuren löslich CO_2+	Häufig in der Oxydationszone von Kupfererzlagerst. Häufige Begl. Kupferkies, Fahlerz, Limonit, Azurit, Cerussit u. a.
(100) / musch. bis uneben	kugelige Kristallgruppen; derb, dicht, erdig, strahlig, nierig, traubig, Anflug. Oft Pseudomorphosen bildend	wie Malachit	Vork. wie Malachit, nur seltener.